李嘉诚的
人生箴言

LIJIACHENG DE RENSHENG ZHENYAN

李 丹◎编著

当代世界出版社

责任编辑：梁晓朝　任　远
封面设计：回归线视觉传达

图书在版编目（CIP）数据

李嘉诚的人生箴言/李丹编著．—北京：当代世
界出版社，2011.7

ISBN 978-7-5090-0743-3

Ⅰ．①李… Ⅱ．①李… Ⅲ．①李嘉诚－人生哲学－通
俗读物 Ⅳ．①B821-49

中国版本图书馆 CIP 数据核字（2011）第 089756 号

出版发行：当代世界出版社
地　　址：北京市复兴路 4 号（100860）
网　　址：http：//www.worldpress.com.cn
编务电话：(010) 83907332
发行电话：(010) 83908410（传真）
　　　　　(010) 83908408
　　　　　(010) 83908409
经　　销：全国新华书店
印　　刷：北京建泰印刷有限公司
开　　本：787 毫米×1092 毫米　1/16
印　　张：14
字　　数：244 千字
版　　次：2011 年 9 月第 1 版
印　　次：2011 年 9 月第 1 次
书　　号：ISBN 978-7-5090-0743-3
定　　价：29.80 元

前　言

李嘉诚这个人

一个赤手空拳的贫困少年，凭着坚忍和智慧，构筑了一座属于自己的财富王国，创造了一个又一个的神话，这个人就是李嘉诚。

李嘉诚曾经是亚洲首富，也是华人商界最有影响力的人物之一。他是2010年福布斯富豪排行榜上的第14位，拥有213亿资产……李嘉诚拥有无数荣耀的头衔，我们不妨去掉这些头衔，看看李嘉诚是一个什么样的人。

这个人，1940年，因战乱随家人从内地去香港；1943年，父亲因贫病去世，他负起家庭重担；1950年，他创立长江塑胶厂；1971年，他成立长江地产有限公司；1972年，长江实业集团上市；1979年，他又从汇丰银行收购英资和记黄埔集团……

这个人，从一文不名、贫困潦倒开始奋斗；他不盲目、不冒险，敢于向新目标迈进；注重多元化投资，抓住一切机会……

这个人，面对失败也依旧坚韧、灵活应对，因为他相信风雨过后是彩虹，因为他懂得"舍"与"得"的人生智慧……

这个人，相信第一个吃螃蟹的人才吃得最香，所以他总是走在别人前面，积极创新求变。他相信才智是创新的资本，为此他不放过一点一滴的学习时间；他相信创新求变才能抓住机遇，为此每在因缘际会处，他总是求变求新，灵活应对……

这个人，对于经营赚钱有自己的一套哲学。他时不时地搞点新花样，令人意想不到；他能审时度势，创造无限商机，又能在盈利的同时，顾全大局……

这个人，把自己商业的成功归功于自己做人的成功。他讲信誉、重诚信，谦虚谨慎，不骄不躁；他淡泊名利，谨守做人原则……

这个人，相信"合则两利，分则两害"，所以他经常和别人合作。在合作中，他不仅能自己赚得盆满钵满，也能照顾合作伙伴的利益。风险他多担，有钱大家赚。最终，舍小利、得大利，吃小亏、占大便宜……

这个人，大家称其为"超人"，他却说："我不算什么超人，我都是靠了我的团队。"的确，他是一个好领导。对于人才，他不分国籍、不分出身，大胆录用；他采用中西合璧的用人理念，勇于下放权力；他"任贤不避仇"，"任人不唯亲"，他不做老板做领袖……

这个人，对投资布局也很有一套。他运筹帷幄，目光高远；借钱生财，步步为营；骑牛上市，纵横股海……

这个人，热心慈善，他说他的钱来自社会，也应该用于社会，他觉得做善事能让人内心富有，他把慈善当成他的第三个儿子。他富贵不忘故土，投资教育、扶困助难……

这个人，风雨人生几十年，对于人生，有自己的看法。他相信勤能补拙、俭能养德；他相信活着就要奋斗，相信赚钱不是人生的全部意义，相信家和万事兴……

他曾经贫困潦倒，为了生存历尽艰辛。他曾经只是一个茶楼的小伙计，除了生活带给他的磨难，一无所有。正是凭着这些，他取得了巨额财富，成为亚洲首富，成了人人敬仰的成功人士。

本书从多个方面，力求全面解析李嘉诚这个人，告诉您李嘉诚一步一步走向成功的秘诀。如果你能读懂李嘉诚这个人，您的成功就不会遥远了！

目　　录

第一章　他这样开始奋斗

　　"生命不息，奋斗不止"，这才是李嘉诚成功的第一秘诀。李嘉诚的商业神话以奋斗开始，用奋斗延续，他的无数故事都在向我们昭示一个道理：成功不是梦！只要肯奋斗，开启财富大门的钥匙就在你的手中。

第二章　他这样面对失败

　　李嘉诚的成功之路，也不是一帆风顺的，其间也有过惨痛的经历。但和其他人不同的是，面对失败时，他不怪别人也不怪命运；他不畏惧失败，并且思考失败，积极寻找机会转败为胜。所以每次风雨过后，李嘉诚总是微笑着说："千万不要把失败的责任推给你的命运，如果你失败了，那么继续学习吧。"

第三章　他这样创新求变

李嘉诚明白只有创新求变、求突破、求发展才能抓住机遇。对此，李嘉诚是这么说的："我们不仅要转变，还要有国际视野，掌握和判断最快、最准、最新的资讯，靠创新走在对手前面几步。不愿意改变的人只能等待运气，懂得掌握时机的人更能创造机会。"李嘉诚不止一次说："第一个吃螃蟹的人永远吃得最香。"创新求变的李嘉诚已经多次尝到这种甜头。

第四章　他这样经营赚钱

李嘉诚说："要在商场上获得成功，首先要学会处理自己的金钱，明白金钱得来不易，非要好好地爱惜它、保管它，切忌花天酒地，花个精光。因为金钱本身也好像有灵性似的，你不理会、不爱惜它时，它会无情地和你分手。"

第五章　他这样讲究世故人情

"要想在商业上取得成功，首先要懂得做人的道理，因为世情才是大学问。世界上每个人都很精明，要令人家信服并喜欢和你交往，那才是最重要的。"对于自己的成功，李嘉诚认为这首先要得益于自己"懂得做人的道理"。

第六章　他这样与人合作

　　李嘉诚说："我做生意一直抱定一个信念，就是不投机取巧和要以诚待人；只有具有博大的胸襟，自己才不会那么骄傲，不会认为自己样样出众，承认其他人的长处，得到其他人的帮助，这便是古人所说的'有容乃大'的道理。"

第七章　他这样建设团队

　　港人喜欢把李嘉诚称为"超人"，李嘉诚却说："我不算什么超人，我都是靠了我的团队。"李嘉诚说："一个具有合理智力结构的决策者，不仅能使每个人人尽其才，而且通过有效的结构组合，迸发出巨大的集体能量。"

第八章　他这样投资布局

　　李嘉诚不是天生的幸运儿，他谈起自己的投资之道，这样说："很多关于我的报道，都说我懂得抓住时机，我认为，抓住时机首先要掌握准确的最新资讯，而能否掌握时机，就看你能否在适当时候发力，走在竞争对手之前。时机背后最重要的因素，就是知己知彼。"

第九章　他这样看待人生

李嘉诚在一次演讲中这样说道："过去的60多年，沧海桑田，但我始终坚持最重要的核心价值：公平、正直、真诚、同情心，凭仗努力和上天的眷顾，循正途争取到一定的成就。我相信，我已创立的一定能继续发扬；我希望，财富的能力可有系统地发挥。我们要同心协力，积极、真心、有决心，在这个世上散播最好的种子，并肩建立一个较平等及富有同情心的社会，亦为经济、教育及医疗作出贡献；希望大家抱着慷慨宽容的胸怀，打造奉献的文化，实现我们人生最有意义的目标，为我们心爱的民族和人类创造繁荣和幸福。"

第十章　他这样热心慈善

2010年9月底，两位世界顶级富翁沃伦·巴菲特与比尔·盖茨来到北京，并且邀请50位中国富豪参加一场"慈善晚宴"，即"巴比晚宴"。他们二人来中国前就已在美国成功劝说40名美国亿万富翁公开承诺捐赠自己至少一半的财富，所以，盖茨与巴菲特的中国之行，也被解读为"劝说中国富豪参与慈善募捐"。

在中国，一些富豪也不遑多让，纷纷慷慨解囊，大行善举。这其中，有一位香港商界巨子尤为出色，堪为楷模，他就是李嘉诚先生。

第十一章　成功的他，就是这样

这个人，不独裁，不骄横，不势利，不跋扈，不放弃，不软弱，不低头，不绝对，不世故，不放慢脚步，也不固步自封；这个人，总戴着黑边眼镜，据说一身灰色的西服一穿就是十来年，据说只有 3 双皮鞋，没有一双是名牌；这个人每天工作不少于 15 小时，早上 6 点半起床，然后会去高尔夫球场，他说除了高尔夫他没有任何别的娱乐。他就是华人商人李嘉诚。

第一章　他这样开始奋斗

　　曾经的李嘉诚，赤手空拳、一无所有，然而经过几十年的奋斗，李嘉诚成为长期雄踞世界华人首富宝座的商界神话。回顾李嘉诚所走过的岁月，我们会发现，李嘉诚一直都在奋斗。

　　当别的少年还在享受父母呵护的时候，李嘉诚就已经勤勤恳恳地开始工作；当大家满足于微薄的工资时，李嘉诚却已经在东奔西跑，准备创业；当别的老板满足于眼前的蝇头小利而止步不前时，李嘉诚却兢兢业业地学习新知识，开拓新思路；如今，李嘉诚已经年过八旬却依然一心扑在工作上……

　　"生命不息，奋斗不止"，这才是李嘉诚成功的第一秘诀。李嘉诚的商业神话以奋斗开始，用奋斗延续，他的无数故事都在向我们昭示一个道理：成功不是梦！只要肯奋斗，开启财富大门的钥匙就在你的手中。

第一节　做个不盲目的冒险家

一、经典语录

　　即使本来有一百的力量足以成事，但我要储足二百的力量去攻下它，而绝不仅仅是冒险地赌一把。

——李嘉诚

　　决定一件事时，事先都要小心谨慎研究清楚，当决定后，就勇往直前去做。

——李嘉诚

二、经典事迹

　　很多心理学家都认为企业家性格中的一个重要的特质就是"有冒险倾向"。的确，成功的人不一定都爱冒险，可是平庸的人一定不敢冒险，因为它需要一种非凡的勇气。

　　可是，成功者的冒险不是盲目的，他一定是做了最精心的准备，把风险降到了最低之后，才会放手一搏。

　　管理大师德鲁克在他的著作《创新与企业家精神》中写道："和大家一样，我认识许多成功的创新者和企业家，包括我自己。我从没听说过有人毫无顾忌地去冒险，就像他睁着眼睛坠入悬崖一样。"

　　有些人认为，李嘉诚看起来像个赌徒，在别人认为危险的时候，他进入。然而，正如德鲁克所说的一样，企业家不是无头苍蝇，而是在把握机会的时候，将所要承担的风险降到最低，李嘉诚的成功也正是因为其对风险的审慎态度。

（一）审慎做事

　　1950 年，长江塑料厂成立时，为了节省微薄的租金，李嘉诚选择了一个货仓做工厂。不久，因香港连降暴雨，刚刚添置的塑料胶机器接连被泡坏，结果开业不到两个月就需另觅厂房经营。李嘉诚并没有以"运气不好"为由而怨天尤人。但是这件事也让他明白一个道理：将来无论做什么事，都要将种种环节考虑周全。审慎做事，才能避免无谓的风险，并给自己留有余地。

后来，经过多年历练的李嘉诚变得极为谨慎了。当他有钱买下一艘游艇的时候，特意定做了两个引擎，两个发动机，以备不时之需。甚至他说，"如果两个都坏掉，我船上还有一个有马达的救生艇。"

郎咸平在他的文章中记载着这样一件事："在长江中心70层的会议室里，摆放着一尊别人赠予李嘉诚的木制人像。这个中国旧时打扮的账房先生，手里握着一杆玉制的秤，但因为担心被打碎，李嘉诚干脆将玉秤收起，只留下人像。这一细节从另一个侧面反映了李嘉诚是一个时刻注意风险的人。"

不仅平时做事如此，经营企业时，李嘉诚更是采取审慎的态度。郎咸平曾这样评价到："我认为稳健才是李嘉诚成功的法宝。"在李嘉诚看来，审慎并不是为停滞不前而寻找借口，而是出于经营一家较大企业的需要。而这种审慎的经营态度是十分必要的，正所谓"穷人易过，穷生意难过"。李嘉诚曾经总结说：

> "关键在于要做足准备工夫、量力而为、平衡风险。我常说'审慎'也是一门艺术，是能够把握适当的时间做出迅速的决定，但是这不是议而不决、停滞不前的借口。
>
> "经营一间较大的企业，一定要意识到很多民生条件都与其业务息息相关，因此审慎经营的态度非常重要，比如说当有个收购案时，所需的全部现金要预先准备。
>
> "我是比较小心的，曾经经过贫穷，怎么会去冒险呢？你看很多人一时春风得意，一下子就变为穷光蛋，我绝对不会这样做事，我都是步步为营。
>
> "有一句话，我牢牢记住：'穷人易过，穷生意难过。'你再穷，你不能吃好的白米，你可以买最便宜的米，还是可以过，人家吃肉，你可以吃菜，最便宜的菜；但是穷生意很难，非常难。所以我小心翼翼，可以讲，如履薄冰。"

正因为审慎做事，审慎经营，李嘉诚自己和他的公司从来都没有出现什么大的差错，一直稳健发展，堪称企业界的楷模。

（二）超过百分之九十九是对的

1957年进入地产业之初，李嘉诚手持一块手表做"尽职调查"，从汽车站等热闹的地方步行到自己代购的目标处，估算未来人流情况。时至今日，他仍自信于外界询问他问题，由于他平时有准备，能够轻而易举地给出事实和数据，并自信地说"超过百分之九十是对的"。

李嘉诚这样形容自己的这种哲学："中国古老的生意人有句话，'未购先想卖'，这就是我的想法。我购入一件东西时，会做最坏的打算，这是我在交易前百分之九十九的时间里所做的事情，只有百分之一的时间，是想会赚多少钱。"

"因为这个时候来说，多大的实力也是假的。做个比喻，你的风帆高扬，并且风帆几倍于正常大小，那艘船也不算太小，但是风向不定，也随时可以覆舟。"李嘉诚说。

李嘉诚的这种哲学同样也用在股市上，李嘉诚在回答记者关于他经营房地产的心得时说："不能说是心得，或者我告诉你们我的做法。我不会因为今日股市好，立刻买下很多，从一购一抛之间牟取利润。我会看全局，例如股市的情况，市民的收入和支出，以至世界经济前景，因为香港经济受到世界各地的影响，也受到国内政治气候的影响。所以在决定一件大事之前，我很审慎，会跟一切有关的人士商量，但到我决定一个方针之后，就不再变更。

"我会贯彻一个决定，我在差不多百分之九十九点九的工程上做到这一点。譬如以过去数以百计的地盘而论，更改的情况可以说是绝无仅有。我不会今日想建写字楼，明日想建酒店，后天又想改为住宅发展，因为我在考虑的期间，已经着手仔细研究过，一旦决定了，就按计划发展，除非有很特别的情况发生。我知道香港有的人把几万尺的一个地盘，可以计划更改几次，十几年后才完成，有些人喜欢这样做，但我负担不起。"

为什么这样做呢？李嘉诚总结道："我凡事必有着充分的准备后才去做。一向以来，无论做生意还是处理事情都是如此。例如天文台说天气很好，但我常常会问自己，如果5分钟后宣布有台风，我会怎样，在香港做生意，亦保持这种心理准备。"

可以看出，李嘉诚经商有两个观念：第一，按部就班难以成为巨富，有时冒大风险可以获得大收益；第二，冒险但不能盲目，要组织严密，不打无准备之仗。

以 1988 年李嘉诚推出的两个大型屋村为例，丽港城、海怡半岛是当时香港两大著名的花园小区，但建楼的意愿却萌动于 1978 年李嘉诚着手收购和记黄埔时。之后，经历了长达 10 年的耐心等待和精心策划，才终于推出计划并开始实施。

（三）成竹在胸

2006 年，李嘉诚又把手伸进了高新技术——3G 产业上面来了。而当时欧洲 3G 成为泡沫，李嘉诚却能够逆势而上，这是因为他事先已经了解到这一行业市场的运作规律，他对于将来获利成竹在胸。

首先，先进入市场者先发，和黄以其在 3G 上的先行战略和全球扩张战略很有可能成为未来 3G 市场的赢家。其次，和黄欧洲 3G 用户猛增，由去年的 12 万上升到 52 万，让全世界重新看到了 3G 发展的曙光，从而为整个 3G 产业创造了机会。最后，和黄在为整个产业创造机会的同时，又能够为自己创造新的机会。

李嘉诚拥有卓越的胆识，敢于承担风险，并深知抢占先机的奥妙，认准了语音业务在 3G 发展的主导地位，从而加强欧洲攻势，再斥巨资获取挪威牌照。当然，和黄旗下五大业务所拥有的雄厚资金实力和独特的多媒体分销渠道网络也使得李嘉诚能够底气十足。这是李嘉诚决策表现的过人之处，是其魅力所在。

2009 年，世界知名交友社区 Facebook 向外界表示，该网站再度获得了李嘉诚基金会 6000 万美元的投资。加上李嘉诚前期对 Facebook 的投资，李嘉诚基金会对 Facebook 的投资总额已达到 1.2 亿美元。

对此，有分析师认为，李嘉诚的投资可能会推动 Facebook 进军中国市场。事实上，此前也一直有消息称 Facebook 将建立中国业务。

尽管如此，《福布斯》还是认为李嘉诚此举很冒险。因为与 QQ、猫扑和天涯等本土社交网站相比，国外社交网站在中国市场的表现并不理想。

以一年前进入中国市场的 MySpace 为例，到目前为止，MySpace 还尚未从任何一家主要的本土社交网站手中抢走大量市场份额。

另外，Facebook 在中国市场还将面临校内网的激烈竞争。

不管怎样，李嘉诚从来都不是一个盲目的冒险家，无论哪次投资，他都是在胸有成竹、有充分准备的情况下进行的，未来 3G 市场和社交网站，占据先机成为赢家的很可能就是李嘉诚。

第二节　敢于向新目标迈进

一、经典语录

力争上游，虽然辛苦，但也充满了机会。我们做任何事，都应该有一番雄心壮志，立下远大的目标，用热忱激发自己干事业的动力。

——李嘉诚

做生意主要有三种方式：一是创新，二是改进，三是跟风。创新吃的就是"一招鲜"，虽然不易，一旦使出来，却费力少而收获大；改进是在别人的基础上做得更好，虽不易造成轰动，后劲却很足；跟风是跟在别人后面亦步亦趋，这样做起来较容易，风险也较小，但跟吃别人的残羹冷饭差不多，收获有限。

——李嘉诚

二、经典事迹

德国诗人歌德在《浮士德》中这样告诫我们："要注意留神任何有利的瞬间，机会到了，莫失之交臂。"在变幻万千的商场上，这一点显得尤为重要。敢想敢干，注意新的市场需求出现，大胆向新目标迈进，做别人没有做过的生意，就能在商战中占据优势。

在李嘉诚看来，做生意，就是一个不断尝试的过程，找准商机，敢于向新目标迈进，是李嘉诚极具胆识和深谋远虑的非凡体现，不管是在塑胶界，还是在地产界，李嘉诚总能占据主动，领航前行。

（一）挑战新生事物

互联网兴起之初，李嘉诚就说过这样一句话：互联网是一次新的商机，每一次新商机的到来，都会造就一批富翁，造就他们的原因是：当别人不理解他们在做什么的时候，他们理解自己在做什么，当别人不明白他们在做什么的时候，他们明白自己在做什么，当别人明白了，他们富有了，当别人明白了，他们成功了。

很多人面对一个来之不易的良好机会总是拿不定主意，于是去问他人，问了十个人可能九个人说不能做，于是就放弃了。其实机遇通常来源于新生事物，而新生事物之所以新就是因为百分之九十以上的人还不知道、不认识，等百分之九十的人知道了就不再是新生事物了。

性格沉稳的李嘉诚，实际上是个不安分的人。他喜欢做充满挑战的事，始终将目光投注在新生事物上，因为他相信，新生的事物能够给人带来的财富是最多的。

早年，李嘉诚在茶楼当伙计，做了一段时间，业务熟练之后，他却离开茶楼，进入一家五金加工厂。有了李嘉诚的加入，五金厂的业绩蒸蒸日上，以销促产，产销渐步入佳境。老板喜不自禁，在员工面前称阿诚是第一功臣。然而，备受老板器重的李嘉诚，刚刚打开局面，又要跳槽弃他而去。老板心急火燎，提出给李嘉诚升职加薪，但李嘉诚没有回心转意，他仍旧选择去向一个更新、更高的目标挑战。

于是，李嘉诚去了塑胶带制造公司当推销员。这个公司位于偏离闹市区的西环坚尼地城爹士街，临靠香港外港海域。在很多人眼里，这是一间小小的山寨式工厂。那么是什么吸引了李嘉诚放弃自己已经小有成就的工作，而来到这个公司呢？原来，李嘉诚看重的是塑胶这个新兴产业的魅力。这也是为他将来成为塑料花之王奠定了基础。

20 世纪 40 年代中期，塑胶工业在欧美发达国家兴起。香港作为全方位开放的世界自由贸易港，市面上很快就出现从欧美输入的塑胶制品。塑胶制品易成型，质量轻，色彩丰富，美观适用，能够替代众多的木质或金属制品，所以很快从欧美国家进口的塑胶制品变得供不应求。

李嘉诚在推销五金制品之时，就感到塑胶制品将会有广阔的市场空间。最初，塑胶制品是奢侈品，价格昂贵，消费者皆是富裕阶层。塑胶制品的价格一直呈下降趋势，舶来品愈来愈多，尤其是港产塑胶制品面市以后，塑胶制品价格下降，普通百姓已经能够消费得起，加之塑胶的种种优点，李嘉诚清晰地意识到，要不了多久，塑胶制品将会成为价廉的大众消费品。

香港是接受新事物最快的地方，香港没有传统工业，但它与世界有广泛的联系，能够迅速地引进适宜在本港发展的产业。最初的塑胶厂屈指可数，但很快成雨后春笋的发展趋势。

因此，李嘉诚虽然在五金厂受到器重，但在塑胶公司老板对他的一番劝导以后，他有了自己的主意。

"晚走不如早走，你总不会一辈子埋在小小的五金厂吧？看这形势，五金难得有大前途。"塑胶公司老板一语道出了李嘉诚的忧虑。

"难得有大前途"，这正是李嘉诚所不愿的。相反，塑胶是个新兴的产业，有很大的发展空间，李嘉诚正是看中了这一点，最终跳出了五金厂，进入了一个他所不知道的新产业，这不仅需要敏锐的时事洞察能力，更需要壮士断腕、勇于向新目标迈进的魄力。

（二）胆识超人

李嘉诚说：天下没有不赚钱的行业，没有不赚钱的方法，只有不赚钱的人。哪一行干好了都赚钱，这一切成功的背后，靠的是一双慧眼。要想干一番大事业，必须敢于做第一个吃螃蟹的人，走到哪里，就把生意做到哪里。

李嘉诚几度转向新行业，正是看重了新行业的巨大升值潜力，结果，每次向新目标迈进，他的财富都在一夜间以几何数字飙升。这也验证了李嘉诚所说的"第一个吃螃蟹的人永远吃得最香"这句话。

20世纪50年代，通过市场观察，李嘉诚发现，塑料花在香港市场上特别走俏，而且随着物质生活水平不断提高，人们对塑料花的需求还会不断增加；在产品外销中，李嘉诚又发现欧美市场也兴起了塑料花热，家家户户及办公大厦都以摆上几盆塑料制作的花朵、水果、草木为时髦。

可见，塑料花具有很强的市场潜力。李嘉诚当机立断，丢下其他生意，全力以赴投资生产塑料花。他建立的"长江塑料厂"一举成为世界上最大的塑料花工厂，他也被誉为"塑料花大王"。

20世纪60年代后期，香港经济开始腾飞，地价开始跃升。李嘉诚认为，香港是个弹丸之地，20世纪50年代后，随着经济不断发展，人口不断膨胀，居民的住宅日趋紧张，因此，地产业前景不可限量。他经过长时间冷静思考，以其超人的胆识，果断地做出了关键性选择。他迅速投资购买大量土地，并在激烈的竞争中凭借自己的果敢，一举击败了素有"地产皇帝"之称的英资怡和财团控制下的置地公司，创造了房地产业"小蛇吞大象"的经典案例。李嘉诚也在这场房地产大战中积聚了巨额的财富。

20世纪70年代后期，香港股市热得烫手，他迅速投资入市，毫不手软。他首先瞄准的目标是英资怡和集团的"九龙仓"，悄悄地买入，果断地抛出，净赚5900万港元。1978年，他又把目标瞄准了另一家老牌英资公司"青州英泥"，很快在股市上收购了"青州英泥"25％的股票，并成为该公司的董事。

紧接着，李嘉诚集中火力，对英资公司"和记黄埔"穷追不舍，在股市上大量吸纳"和记黄埔"的股票。通过整整一年不间断的努力，终于成功地拥有39.6％的和记黄埔股权。1981年元旦，他正式出任老牌英资洋行和记黄埔董事局主席。

无论是放弃其他行业，全力生产塑胶花，还是进军地产、股市搏击，我们都可以看出李嘉诚的超人胆识。没有瞻前顾后、没有停滞不前，而是看准了新目标，就乘风踏浪、一往无前。也正是凭着这样超人的胆识与果敢，李嘉诚的资产才像吹气球一样膨胀起来，成为了香港首富，创造了商业奇迹。

（三）积累知识

李嘉诚说："我从不间断读新科技、新知识方面的书籍，不想因为不了解新讯息而和时代潮流脱节。"的确，能够不断向新目标迈进，不仅要有胆识，还要有充足的知识储备。处处积累，不畏艰难，学习新知识，了解新情况，李嘉诚可谓是个典范。

李嘉诚随父母迁至香港后，父亲李云经感到融入香港社会的艰难，要求嘉诚"学做香港人"。李嘉诚对父亲的教诲心领神悟。香港的华人流行广州话，广州话与潮汕话属不同的语系，在香港，不懂广州话寸步难行。

因此，李嘉诚把学广州话当一门大事对待，他拜表妹表弟为师，勤学不辍，很快就学会一口流利的广州话。

对于李嘉诚来说，困难的是学英语。李嘉诚进了香港的中学念初中。香港的中学，大部分是英文中学，英文教材也占半数以上，这对刚刚接触英语的李嘉诚来说异常困难。为此，李嘉诚学英语，几乎到了走火入魔的地步：上学放学路上，他边走边背单词；夜深人静，李嘉诚怕影响家人的睡眠，独自跑到户外的路灯下读英语；天蒙蒙亮，他一骨碌爬起来，口中念念有词，还是英语。

李嘉诚天赋高，记性强，经过一年多刻苦努力，终于逾越了英语关，能够较熟练运用英语答题解题。

虽然后来李嘉诚的父亲去世，李家生计艰难，李嘉诚不得不辍学，但他辍学后，仍常年坚持自学英语。他在茶楼打工，常常利用短暂的空闲默读英语单词。他怕遭茶客耻笑和老板训斥，总是靠着墙角，迅速掏出卡片溜一眼。他深知眼下吃饭比求知更重要，只能给自己定下最低目标——不遗忘学过的单词。

困境中的李嘉诚不忘学英语，他日后不为生存奔波以后，也仍旧坚持阅读英语报纸，这在日后的生产经营中，也让李嘉诚受益匪浅。正式工作以后的李嘉诚依然不忘学习，他给自己定下新目标——利用工余时间自学完中学课程。

然而，李嘉诚尽管有十分强烈的求知欲望，却为买教材而发愁。他的工薪微薄，要维持全家的生活，还要保证弟妹读书的学费，他希望弟妹能一帆风顺读完应读的学业，而不是像他这样。

为了学习，李嘉诚想到一个绝妙的办法，购买旧教材。许多中学生，将用过的教材当废纸卖掉，或当垃圾扔掉，就有书店专门做旧书生意。

李嘉诚谈起节省几港币买新书的事，表情比现在赚几亿港元还兴奋："先父去世时，我不到 15 岁，面对严酷的现实，我不得不去工作，忍痛中止学业。那时我太想读书了，可家里是那样的穷，我只能买旧书自学。我的小智慧是环境逼出来的。我花一点点钱，就可买来半新的旧教材，学完了又卖给旧书店，再买新的旧教材。就这样，我既学到知识，又省了钱，一举两得。"

从这一件小事上，可以看出少年李嘉诚已有了些商业头脑。这可以说是李嘉诚平生第一次做生意。

李嘉诚积极"抢学"的精神，让他爬上了早期事业的最顶端，更为他开拓自己的王国打好了充分基础。

李嘉诚不仅在五金厂工作出色，他进入塑胶公司后，也依然表现出色，先后被提拔为业务经理和总经理。尽管此时的他不过二十出头。

推销出身的李嘉诚对于业务已是非常熟练，但是生产和管理对他来说还是陌生的领域，还是他的弱项。深知"不怕不懂，就怕不学"的他，每天都要蹲在工作现场，身着工装，和工人一起摸爬滚打，熟悉生产工艺流程，对于每道工序他都要亲自尝试。

李嘉诚以自己的勤奋和聪颖，很快掌握了生产的各个环节，逐渐成为塑胶公司的台柱子，爬到打工族的最高位置。

在常人看来，李嘉诚应该心满意足了。然而，在李嘉诚的人生字典中没有"满足"两字。他一生都在追求新知识，努力学习新技术，他也不满足于永远做一个优秀的打工仔，所以他毅然辞职，去开创属于自己的事业，用新知识和超人的胆识向人生的下一个新目标迈进。

第三节　别把钱投在一个地方

一、经典语录

> 正像日本商人觉得本国太小，需要为资金寻找新出路一样，香港的商人也有这种感觉。一句大家都明白的道理，根据投资的法则，不要把所有的鸡蛋放在一只篮子里。
>
> ——李嘉诚

二、经典事迹

经商需要风险，但一个精明的商人亦要懂得保险之道。李嘉诚认为，降低经营风险的秘诀就是把风险分散。正如他所说"不要把所有的鸡蛋放在一只篮子里，不要为自己的生意设限"。

李嘉诚一直奉行"商者无域"这一理念，抓住每个行业盈利的最佳时机，大胆投资。截至 2008 年，李嘉诚的多元化投资战略，让李嘉诚的商业帝国获得了滚滚财源。

但不要为自己的生意设限，并不等于对每个行业都盲目进行投资。每个行业不可能天天好也不可能天天不好，你来回跳就是个投机者，因为你没有把它作为自己的基业。要像李嘉诚一样，将多元化投资做得有计划有条理，而不是盲目地看到哪里赚钱就往哪里投点钱。

（一）投资无国界

20 世纪 80 年代，国界是一个重要的界限，事业的发展，一般还是以本土为主，对于远渡重洋把资金投到国外，尤其是大规模投资，生意人还是极为谨慎的，有些即便参与投资了，也只是产品销售到国外，生产和事业根基仍在国内。

但李嘉诚不这样想，科学技术尤其是信息技术的发展，让李嘉诚看到了世界经济一体化的大趋势，在他看来，一个有志于大事业的投资家，应有包容天地、并吞八荒的气势。

1987 年 5 月美国《财富》杂志这样写到：

　　"在太平洋上空的一班航机上，坐在阁下旁边那位风尘仆仆的华人绅士，可能正赶赴纽约或伦敦收购你的公司。由香港到雅加达，这些精明的华籍企业家近年赚得盘满钵满，东南亚已再不能容纳这些并非池中之物的人了。在中国，他们已成为最大的海外投资者。时至今日，这些名列世界富豪榜的亿万富豪，为了分散风险而在西方国家投资。

　　"58 岁的李嘉诚先生是最具野心的收购者。在 50 年代初期，他以制造塑胶花开始他的事业。现今，他准备了 20 亿美元（约折港元 120 亿）收购他认为是超值的西方公司。"

　　李嘉诚正是在 20 世纪 80 年代中期大举进军海外的。在大规模行动前，李嘉诚已在海外投资中小试牛刀。1977 年，他首次在加拿大温哥华购置物业；1981 年，李嘉诚在美国休斯敦，斥资两亿多港元收购商业大厦；同年，他再次斥资六亿多港元，收购加拿大多伦多希尔顿酒店。在短短数年中，李嘉诚个人或公司，在北美拥有的物业有 28 幢之多。

　　带着雄厚资金来加拿大投资的李嘉诚，成了加拿大政府眼中的宝贝。因为，仅李嘉诚一人，就能为经济面临衰退的加拿大带来 100 多亿港元巨资。加拿大商务官员和商人，为了便于和李嘉诚接触，把办公室也搬进了华人行。在决策阶段，李嘉诚几乎每天都要接待这些加拿大的"达官显贵"。

　　有位商务官很希望李嘉诚投资魁北克省，哪怕是买下皇家山一座房子、一间纸厂还是一些餐厅连锁店，他都十分欢迎。只要李氏肯投资，魁北克省便可列入李嘉诚的商业帝国版图，而且还可以吸引其他香港富商仿效。

　　马世民充当了李嘉诚的"西域"大使。他是力主海外扩张调门唱得最高的人。李嘉诚早就萌生缔造跨国大集团的宏志，现在和黄、港灯相继到手，现金储备充裕，自然想大显身手。

　　李嘉诚、马世民以及长江副主席麦理思，穿梭于太平洋上空。1986 年 12 月，在加拿大帝国商业银行的撮合下，李氏家族及和黄通过合营公司 UnionFaith 投资 32 亿港元，购入加拿大赫斯基石油公司 52％股权。时值世界石油价格处于低潮，石油股票低迷，李嘉诚看好石油工业，做了一笔很合算的交易。

这是当时最大一笔流入加拿大的港资，不但轰动了加拿大，也引起了香港工商界的骚动。

其后李嘉诚不断增购赫斯基石油股权，到 1991 年，股权增至 95％。其中李嘉诚个人拥有 46％，和黄和嘉宏共拥有 49％，总投资额为 80 亿港元。

李嘉诚的两个儿子都加入了加拿大国籍。他本人于 1987 年应邀加入香港加拿大会所，成为会员。每每李嘉诚出现在加拿大会所，驻港的加拿大官员及商人，把他众星拱月般地围住。一名了解中国文化的官员，把李嘉诚称为"我们加拿大的赵公菩萨"。

继对加拿大大规模投资后，李嘉诚于 1986 年又斥资 6 亿港元购入英国皮尔逊公司近 5％股权。该公司有世界著名的《金融时报》等产业，在伦敦、巴黎、纽约的拉扎德投资银行拥有投资。

1987 年，李嘉诚与马世民协商后，以闪电般速度投资 3.72 亿美元，买进英国电报无线电公司 5％股权。

1989 年，李嘉诚、马世民成功收购了英国 Quadrant 集团的蜂窝式流动电话业务，使其成为和黄通讯拓展欧美市场的据点。

1990 年，李嘉诚试图购买美国"哥伦比亚储蓄与贷款银行"有价证券，而卷入了一系列复杂的法律程序中。结果，李嘉诚的投资计划搁浅。

在新加坡方面，万邦航运主席曹文锦，邀请本港巨富李嘉诚、邵逸夫、李兆基、周文轩等赴星洲发展地产，成立新达城市公司，李嘉诚占 10％的股权。

1992 年 3 月，李嘉诚、郭鹤年两位香港商界巨头，通过香港八佰伴超市集团主席和田一夫，携 60 亿港元巨资，赴日本札幌发展地产。

李嘉诚的举动，引起亚洲经济巨龙——日本商界的小小震动。李嘉诚回答记者提问时说：

"正像日本商人觉得本国太小，需要为资金寻找新出路一样，香港的商人也有这种感觉。一句大家都明白的道理，根据投资的法则，不要把所有的鸡蛋放在一只篮子里。"

世界经济史证明，一间公司发展到相当的规模，就会突破原有的日益显小的经营区域，向外界寻找发展。一个国家和地区的经济发展到相当的水平，自然会为剩余资本寻找出路。

投资无国界，赚钱才能没有终结。作为世界华人首富李嘉诚，以及他所控的全球最大华资财团，走跨国化道路参与国际竞争，不可避免且名正言顺。如果困守弹丸之地香港，不进行境外投资，反而令人奇怪。

（二）多元化投资，分散风险

经商的实质是什么？其实就是通过资本运作不断地获取利润。李嘉诚认为，单一经营的好处在于可以集中资源，把事业做大做强；但是，它的害处则表现在当市场萧条时，投资无法获利。因此，做生意没有定规，成功的商人要善于多元化投资。

谈到自己的商业布局，李嘉诚说："多元化投资是为了获得多个利润增长点，同时分解风险。"

李嘉诚控制着六大上市公司，六大公司的业务，彼此之间的相关度非常低。它们分别是：长江实业集团有限公司，主营物业发展与投资、地产代理、楼宇管理、控股；和记黄埔经营物业发展、货柜码头服务、零售业、制造业、电信和电子商务发展、控股等；长江基建集团有限公司主要做运输、能源、基建材料、基建工程；香港电灯有限公司是发电与电力供应；TOM.com 有限公司，包括门户网站、互联网信息、户外媒体、印刷、内容供应、电子商贸及软件开发等；长江生命科技集团有限公司，从事着生物科技产品的研发、商品化、市场推广及销售。

总的概括起来，李氏商业帝国有港口及相关业务、电信、物业发展及控股、零售生产及其他、能源、基建、财务与投资这七项主要业务。那么李嘉诚是用什么方法，使风险降低到最低点呢？

下面几条就是李嘉诚分散风险的策略：

一是收购或从事低相关业务分散风险，七大行业无论产业领域还是地域都分布广阔。

二是收购或从事不同回报期业务降低风险。短期回报的业务，例如零售、酒店等，它的盈利波动，好处是经济景气时获利丰厚；长期回报的业务如基建、电力等，好处是收入稳定。如果只做短期业务，波动大，风险很高，而如果全做长期业务，资金回流慢，又有周转不灵的风险。那么正确的做法是什么呢？长短互补。唯有如此才能确保每段时间都有足够的资金回流。

三是收购或从事稳定回报业务来平滑盈利。稳定回报的业务，能提供稳定的现金流，对"兄弟单位"业务发展能够起到扶助作用。如果整个集团遇到困境时，它也能提供援手，还能使财务报告比较好看，借贷、集资都拿得出手。

李嘉诚的高明之处就在于此！他降低经营风险的秘诀就是"把鸡蛋放在不同的篮子里"，也就是把风险分散。不仅如此，李嘉诚的多元化还做得十分有计划、有条理，并不是盲目地看到哪里赚钱就往哪里投资。

这样，即使一项业务暂时亏损，也会有其他多项业务进行资金补充，不至于因为资金问题、或者因为这项业务暂时没有回报而无以为继，也为李嘉诚的长远投资做好了准备。多项业务互相补充，多足而立，使得李嘉诚的商业帝国更加稳固。

第四节　抓住一切机会

一、经典语录

一个新生事物出现，只有5％的人知道时赶紧做，这就是机会。做早就是先机。当有50％人知道时，那你做个消费者就行了；当超过50％时你看都不用去看了。

——李嘉诚

在剧烈的竞争当中多付出一点，便可多赢一点。就像参加奥运会一样，你看一、二、三名，跑在第一的就快那么一点点。

——李嘉诚

二、经典事迹

李嘉诚曾经这样说过："在事业上谋取成功，没有什么绝对的公式。"成功之路并非一帆风顺，其中机会与挑战并存，李嘉诚深谙灵活变通的重要性，善于从挑战中看到机会，善于将挑战变为机会。能够抓住一切机会并不容易，因为机会面前往往危机四伏，但李嘉诚以其聪明才智，每一次都能化险为夷。

（一）反败为胜

"有时你看似是一件很吃亏的事，往往会变成非常有利的事。"李嘉诚这样说。商场如战场，你一帆风顺，别人自然眼红，会想方设法压制你、打击你，有时候还可能出现一些非正当竞争。这个时候，你就需要像李嘉诚一样，抓住机会，掘地反击，转败为胜。

在李嘉诚的塑胶厂建立之初，一些同行业的竞争对手企图搞垮长江塑胶厂。他们雇用了一些人到长江塑胶厂拍照，企图用揭短的方式使长江厂信誉扫地。

果然，没过多久，他们拍摄到的照片就在报纸上刊登出来了，画面上是长江塑胶厂破旧不堪的厂房。他们的目的很明确，就是想以此彻底打消顾客对长江塑胶厂产品的信心。

面对这种情况，李嘉诚的头脑很冷静，积极筹思对策。他知道，这些照片的确不利于长江的信誉，但是，如果抓住这次机会，被动转为主动、变不利为有利，来个反宣传，或许结果不会太糟。

于是，李嘉诚拿着这份报纸，背上自己的产品，走访了香港上百家代销商。

李嘉诚很坦率地对他们说："不错，我们尚在创业阶段，厂房比较破旧。但请看看我们的产品，我相信质量可以证明一切。我欢迎你们到我们厂实地考察，满意了，再向我们订购。"

代销商们被李嘉诚这些诚恳的话语所感动，更被长江塑胶厂的优质产品所折服，他们也十分敬重李嘉诚有如此敏锐的商业头脑，并且有如此魄力敢于将自己的弱点示人，于是纷纷到长江厂参观订货。长江厂的生意反而空前红火。

精明的李嘉诚适时抓住机会，借助了这场恶意宣传带来的反作用力，为长江厂做了一次相当实惠的广告宣传，这一招颇似太极推手中的借力打力，费力少而收效大，堪称高明。

从这件事中可以看出，李嘉诚面对困境并没有一蹶不振、打退堂鼓，而是积极面对困境，认真研究困境，从困境中看到了机会，并且抓住一切机会，反败为胜、反客为主，最终将坏事变成好事。

（二）暗渡陈仓

长江厂创办以来，迟迟未能推出新产品，不甘平庸的李嘉诚非常着急。一天，李嘉诚偶然从杂志上翻到一则新型产品——塑胶花的报道，他当即断定，这是一次很好的机会，这种塑胶花日后肯定大有前途。1957 年春天，李嘉诚揣着希冀和强烈的求知欲，登上飞往意大利的班机去考察。

他素知厂家对新产品技术的保守与戒备。也许应该名正言顺地购买技术专利，但是一来，长江塑胶厂小本经营，绝对付不起昂贵的专利费；二来，厂家绝不会轻易出卖专利，它往往要在充分占领市场，赚得盘满钵满，直到准备淘汰这项技术以后方肯出手。

可是如果不获取此项技术，长江塑胶厂只能跟在别人后头亦步亦趋。对于急于打空挡、填空白的李嘉诚来说，等塑料花在香港大量面市后再去模仿，是他极不愿看到的。

怎么办？

为了不使如此难得的机会就这样从手心悄悄溜走，李嘉诚决定以香港经销商的身份进入这家公司，然后询问有关塑胶花的知识，询问了很久，才买了一些样品回去。正好这家公司的塑胶厂招聘工人，李嘉诚去报了名做打杂的工人。

李嘉诚负责清除废品废料，他能够推着小车在厂区各个工段来回走动，了解生产的流程。李嘉诚收工后，急忙赶回旅店，把观察到的一切记录在笔记本上。

假日，李嘉诚邀请数位新结识的技术工人朋友，用英语向他们请教相关技术，最后通过眼观耳听，大致悟出塑胶花制作配色的技术要领。随后李嘉诚立即购买最畅销的样品回到长江塑胶厂，把几个部门负责人和技术骨干召集到他的办公室，把带回来的样品展示给大家。接着李嘉诚宣布，长江塑胶厂将以塑胶花为主攻方向，一定要使其成为长江塑胶厂的拳头产品。

李嘉诚要求工人顺应本港和国际大众消费者的喜好，设计出全新的款式，并且不必拘泥植物花卉的原有模式。

设计师做出不同色泽款式的"蜡样"，李嘉诚带着蜡花走访不同消费层次的家庭。最后确定一批蜡花作为开发产品。此时，技术人员经过反复试验，已把配方调色定到最佳水准。又经历过连续一个多月的不眠之夜，终于研制成第一批样品。

填补空白的产品，很容易卖高价。李嘉诚不这样想，价格昂贵，必是少有人问津。他经过成本预算，批量生产的塑胶花，成本并不高。只有把价格定在大众消费者可接受的适中水平，才会掀起消费热潮。于是李嘉诚打出薄利多销的策略，结果自然是热销。

几乎是在数周之间，香港大街小巷的花卉店，就都摆满了长江出品的塑胶花。李嘉诚也因此赢得了"塑胶花大王"的美名，不仅蜚声全港，还为世界的塑胶同行所侧目。

毫无疑问，正是由于李嘉诚看准时机、抓住机会，才让他走在别人前面，成为第一个吃螃蟹的人，最终在塑胶界无人能敌。

（三）快手夺先机

当机会来临时怎么办？李嘉诚会告诉你，不仅要抓住机会，更要比别人快一步下手。什么叫快手夺先机，我们看一下李嘉诚收购香港希尔顿酒店就知道了。

1977 年 4 月，李嘉诚以 2.3 亿港元，成功收购美资永高公司，接手经营香港希尔顿大酒店。作为长实集团上市以来的第一次重大的收购案，这次交易用时竟然不到一周。李嘉诚快手夺先机的能力着实让人惊叹。李嘉诚在接受《商业周刊》记者采访时，也提到了这次经历。

《全球商业》记者：你刚才提到，在不景气时候能大力发展，关键在于要"做足准备工夫、量力而为、平衡风险"。机会来临时，能够把握适当的时间做出迅速的决定。1977 年，你迅雷不及掩耳地收购香港希尔顿酒店就很经典……

李嘉诚：最重要是事前要吸取经营行业最新、最准确的技术、知识和一切与行业有关的市场动态及讯息，才有深思熟虑的计划，让自己能轻而易举在竞争市场上处于有利位置。你掌握了消息，机会来的时候，你就可以马上有动作。

能买下希尔顿是因为有一天我去酒会，后面有两个外国人在讲，一个说中区有一个酒店要卖，对方就问他卖家在哪里。他们知道酒会太多人知道不好，他就说，在 Texas（德州），我听到后立即便知道他们所说的是希尔顿酒店。酒会还没结束，我已经跑到那个卖家的会计师行（卖方代表）那里，找他的 auditor（稽核）马上讲，我要买这个酒店。

他说奇怪，我们两个小时之前才决定要卖的，你怎么知道？当然我笑而不答，我只说：如果有这件事，我就要买。

我当时估计，全香港的酒店，在两、三年内租金会直线上扬。（卖家）是一间上市公司，在香港拥有希尔顿，在巴厘岛是 Hyatt Hotel（凯悦饭店），但是我只算香港希尔顿的资产，就已经值得我跟他买。这就是让这间公司在我手里的决定性的资料。

好快的动作！卖方两个小时前才做出决定要卖，李嘉诚马上就跑到会计师行去买。没有几个小时的运筹帷幄，也没有几天的董事会商议，一切都在电光火石之间被敲定下来。李嘉诚抓住机会的手真是不一般的快。

　　《全球商业》记者：这起生意难道没有别的竞争者？
　　李嘉诚：一是因为没有人知道，二是我出手非常快。其他人没这么快。因为我在酒会听到了，就马上打电话给我一个董事，他是稽核那一行的，我一问才得知，他和卖家的稽核是好朋友，所以就马上到他办公室谈。
　　你今天坐的地方（手指地上），就是希尔顿一部分地址。那笔交易我买过来后，公司的资产一年增值一倍。

李嘉诚收购香港希尔顿酒店，给我们上了很好的一课：机会有时稍纵即逝，只有快速出手才能抓住；机会有时是属于大家的，只有你比别人快一步才能抓住。的确，想要更好地抓住机会，就要像李嘉诚这样，快到让别人没有机会出手。

第五节　稳重求胜

一、经典语录

　　扩张中不忘谨慎，谨慎中不忘扩张。……我讲求的是在稳健与进取中取得平衡。船要行得快，但面对风浪一定要挺得住。

——李嘉诚

二、经典事迹

李嘉诚幼年与家人逃难至香港，12岁被迫辍学，不足15岁时因父亲病逝，负起供养家人的重担。因贫穷的重担而产生的那种无助与孤立的感觉给他留下终身的烙印，他的心中永远留下了这样的疑问：一个人如何才能改变自己的命运？怎样才能减低风险，增加成功的机会？

因此，谈及给予青年人的忠告，李嘉诚常说："从创业至今，我还谨记穷人难做，穷生意更加难做的道理。我一直对现金流保持高度警觉，坚决维持稳定的现金流、低负债率，以及充裕的备用现金。我的经营方针是'发展不忘稳健，稳健不忘发展'。我们永远不可让不断涌现的机会，变成超越自己能力的重担。"

（一）分析潜在风险

20世纪60年代后半叶，香港地产有价无市，到处贱价抛售物业。李嘉诚审时度势、仔细分析潜在风险，趁低吸纳，这一招奠定了李嘉诚成为香港首富的基石。

1958年，李嘉诚在繁华的工业区——北角购地兴建一座12层的工业大厦。

1960年，他又在新兴工业区——港岛东北角的柴湾兴建工业大厦，两座大厦的面积，共计12万平方英尺。

虽然房地产的前景乐观，但李嘉诚仍旧仔细地分析了各种潜在的风险，最终采取谨慎入市、稳健发展的方针：资金再紧，宁可少建或不建，也不卖楼花；尽量不向银行抵押贷款，或和银行向用户提供按揭；不牟暴利，物业只租不售。

不可否认，卖楼花能加速楼宇销售，加快资金回收，解决地产商资金不足的问题。卖楼花由霍英东于1954年首创，他一反地产商整幢售房或据已出租的做法，在楼宇尚未兴建之前，就将其分层分单位（单元）预售，得到预付款，即可动工兴建。卖家用买家的钱建，地产商还可拿地皮和未成的物业拿到银行按揭（抵押贷款），真可谓一石二鸟。

继霍英东后，许多地产商纷纷效尤，大售楼花。银行的按揭制进一步完善，蔚然成风。用户只要付得起楼价的10%或20%的首期，就可把所买的楼宇向银行按揭。银行接受该楼宇做抵押，将楼价余下的未付部分付给地产商，然后，收取买楼宇者在未来若干年内按月向该银行付还贷款的本息。

表面看来，的确是银行承担了主要风险，但李嘉诚经过认真研究楼花和按揭，明白地产商的利益与银行休戚相关，地产业的盛衰又被银行影响。唇亡齿寒，一损俱损，过多地依赖银行，未必就是好事，这里面的风险不是减少了，而是加大了。

李嘉诚又仔细分析了香港最大的地产商——英资置地公司的做法。他发现置地公司把重点放在收租物业上，结果置地经过半个多世纪的发展，一直雄踞中区"地王"宝座，拥有大量大厦物业。的确只要物业在，就有永久受益的聚宝盆。置地的做法才是风险最小、最稳健的发展之道。

虽然兴建收租物业，资金回笼缓慢，但李嘉诚看好地价楼价及租金飙升的总趋势。收租物业，虽不可像发展物业（建楼卖楼）那样牟取暴利，却有稳定的租金收入，物业增值，时间愈往后移，愈能显现出来，这样不但降低了风险，还可以长远发展，多年以后定会有更高的回报。

李嘉诚预测无误。据香港公布的统计数据，1959 年香港拍卖市区土地平均价：工业用地每平方米 104.85 元；商厦、写字楼、娱乐场等非工业用地 1668.44 元；住宅用地 164.75 元。而到 1980 年，这三类拍卖地价分别为 29549.03 元、124379.06 元、13728.30 元。升幅分别为 280.8 倍、73.5 倍、82.2 倍。

地升楼贵，李嘉诚没有冒多大风险，反而"坐享其利"，拥有大批物业，储备了大量土地，逐渐成为香港最大地主。

李嘉诚曾说过："我凡事必有充分的准备然后才去做。一直以来，做生意处理事情都是如此。例如天文台说天气很好，但我常常问我自己，如五分钟后宣布有台风，我会怎样，在香港做生意，亦要保持这种心理准备。"

从以上的例子中可看出，李嘉诚投资十分谨慎，投资之前先分析可能存在的风险，找到应对之策。在商业活动中，风险是无处不在的。对商人来说，发现这些潜在风险，了解自己的应对能力，找到解决问题的方法，才能未雨绸缪。

（二）谨慎行事

李嘉诚说过：两条腿走路才不会摔跤，其谨慎风格显露无遗。

当年，李嘉诚离开塑胶花而投资地产，但他却没有关闭塑胶花厂。他虽然看好房地产，但因为这个领域他不曾进入，所以不敢贸然把宝全部压在上面，而是把塑胶厂作为后盾，塑胶和地产两条腿共同走路，进可攻、退可守，确保自己不会一败涂地。李嘉诚谨慎的态度可见一斑。

其后，香港形势一直不太明朗，李嘉诚就坚持"所有的鸡蛋不放在一个篮子里"的审慎哲学，开拓了向英国、澳大利亚、加拿大的投资市场，而后来李嘉诚搞起了股票，并且除股票外，还投资债券。

事实上，购买债券是一种极保守的投资，持有人只享受比定期存款高的利息，而不能分享公司的利润。李嘉诚购买债券的一大特色，是可以交换股票。当时，债券有一至三年的期限，若认定该公司业务有可靠的增长，便以债券交换股票。如果交换不成，就将债券保留至期满，连本息套回。

李嘉诚投资债券，一来债券与股票相比，风险不知要小多少倍，这样更符合他"稳健中求发展，发展中不忘稳健"的方针；同时，两条腿走路，游刃余地更大。

李嘉诚做出重大决策时最看重的是数字，最强调的是事前准备。他指出："每一个决定都经过有关人员的研究，要有数字的支持。我对数字是很留意的，所以数字一定要准确。每次一开会就入正题，没有多余的话。"他每次开会前，会接触和了解有关事务，仔细研究员工们的建议，加上各部门同事各有自己的知识和专长，所以当下属提出有用的建议时，很快便得到他的接纳。他提到一次行政会议，在两分钟内批准了所有同事的建议，"全世界没有一个行政人员能这么快取得总裁的批准！"

李嘉诚不仅要求员工这么做，自己也身体力行。他说："我虽然是作最后决策的人，但每次决定前我也做好准备，事先一定听取很多方面的意见，当作决定和执行时必定很快。"他特别描述了卖"橙"公司（Orange）这个历史上最大交易的传奇经过。他说："我事先不认识对方，也从未见过面，只听过他的名字，那次对方只有数小时逗留在香港洽谈。因为我事先已熟悉蜂窝电话的前途，做好准备，向对方表达清楚，所以很快便可作决定。"

下属最怕李嘉诚什么呢？最怕他问数字。一次，一个在香港知名度很高的同事向李嘉诚汇报数字时，李嘉诚感到有问题。但这个同事坚持自己的判断，还要和李嘉诚打赌，以高尔夫球棍为赌注。结果，第二天李嘉诚就收到一套新的高尔夫球棍。

李嘉诚从不打没有准备的仗，一切必定要在数字证实准确无误，并且做好事前准备的情况下，他才去做。正是这种谨慎的作风，才让他在多年的经商生涯中，财富一直有增无减、直线上升。

（三）"进取"不忘"稳健"

1979年9月25日晚上，在华人行21楼长江总部会议室，长江实业（集团）有限公司董事局主席李嘉诚，举行长实上市以来最振奋人心的记者招待会，一贯持稳的李嘉诚以激动的语气宣布：

"在不影响长江实业原有业务基础上，本公司已经有了更大的突破，长江实业以每股 7.1 元的价格，购买汇丰银行手中持占 22.4% 的九千万普通股的老牌英资财团——和记黄埔有限公司股权。"

在场的大部分记者禁不住鼓起掌来，有记者发问："为什么长江实业只购入汇丰银行所持有的普通股，而不再购入其优先股？"

李嘉诚答道："以资产的角度看，和黄的确是一个极具发展潜力的公司，其地产部分和本公司的业务完全一致。我们认为和黄的远景非常好，由于优先股只享有利息，而公司盈亏与其无关，又没有投票权，因此我们没有考虑。"

记者招待会后的一天，和黄股票一时成为大热门。小市带动大市，当日恒指飙升 25.69 点，成交额四亿多元，可见股民对李嘉诚的信任。李嘉诚继续在市场吸纳，到 1980 年 11 月，长江实业及李嘉诚个人共拥的和黄股权增加到 39.6%，控股权已十分牢固。

1981 年 1 月 1 日，李嘉诚被选为和记黄埔有限公司董事局主席，成为香港第一位入主英资洋行的华人大班，和黄集团也正式成为长江集团旗下的子公司。

在李嘉诚的经商哲学中，稳健一直是其中最主要的指导思想。特别是在进入一个陌生或新的领域时，他更注重"谨慎"和"稳健"。虽然退后一步可能丧失先机，但退后一步可以将形势看得更清，少走弯路，鼓足后劲，可以进一步更快地迎头赶上。

2000 年 8 月，在已经拿到德国 3G 牌照的情况下，李嘉诚却突然宣布放弃，此举无疑震惊四座。他的理由是要保持公司业务稳健发展。有学生当面向他提出，企业经营中如何处理谨慎与进取的关系。

李嘉诚首先指出，他是一个"很进取的人"，从他所从事行业之多便可看得到。但是，他强调："我着重的是在进取中不忘稳健，原因是有不少人把积蓄投资于我们公司，我们要对他们负责任，所以在策略上讲求稳健，但并非不进取，相反在进取时我们要考虑到风险和公司的承担。"他透露，他的原则是"在开拓业务方面，保持现金储备多于负债，要求收入与支出平衡，甚至要有盈利，我讲求的是于稳健与进取中取得平衡。船要行得快，但面对风浪一定要揸得住！"

第六节　别陷进去

一、经典语录

经营企业，"知止"两个字最重要。我从 14 岁就开始投身社会，到 22 岁创业时就已经过了 8 年非常艰苦的日子，到今天我已工作 60 多年了。在香港我看过有些人成功得容易，但是掉下去也非常快，是什么原因呢？"知止"是非常重要的。全世界很多企业之所以失败，最少一半都是因为贪婪。

——李嘉诚

二、经典事迹

李嘉诚从 1950 年独自创业以来，走过了 60 个年头，从来没有欠过债。

这是因为他采取分散投资策略，加上做生意时，他都会考虑到能否在一个星期内拿到现金，因此现金流通顺畅，根本不需要借钱来周转，这也创造他 60 年来从不欠钱的辉煌纪录。

在这竞争年代，为何很多企业家轻易断送一家企业的时候，李嘉诚经营的公司却能周转灵活，几乎碰不到"天花板"呢？

对于这个问题，李嘉诚轻描淡写地回答："其实是很简单的，我每天百分之九十以上的时间不是用来想今天的事情，而是想明年、5 年、10 年后的事情。"

李嘉诚说，"我内心已有非常好的保障，若一个人不知足，即使他拥有很多财产也不会感到安心。举例来讲，如果只看着比尔·盖茨的财富和你自己的距离那么大，那么你永远不会快乐。"

（一）万人疯炒我独醒

20 世纪 60 年代末至 70 年代初，由于股市一片利好之势，香港各界产生了一股"要股票，不要钞票"的投资狂潮，掀起了一阵比一阵更为高涨的"上市热潮"。

不少房地产商，放下正业不顾，将用户缴纳的楼花首期款，将物业抵押获得的银行贷款，全额投放到股市，大炒股票，以求牟取比房地产更优厚的利润。

炒风愈刮愈烈，各业纷纷介入股市，趁热上市，借风炒股。连众多的民众，也不惜变卖首饰、出卖祖业，携资入市炒股。职业炒手更是兴风作浪，哄抬股价，造市抛股。

香港股市处于空前的癫狂之中。1972 年，汇丰银行大班桑达士指出："目前股价已升到极不合理的地步，务请投资者持谨慎态度。"

桑达士的警告，湮没在"要股票，不要钞票"的喧嚣之中。1973 年 3 月 9 日，恒生指数上升到历史高峰，一年间，升幅 53 倍。

然而，李嘉诚在"炒风刮得港人醉"的疯狂时期，丝毫不为炒股的暴利所心动，稳健地走他认准了的正途——房地产业。

在塑胶花、房地产经营方面相继显示了他的独创才能之后，李嘉诚又在股票经营中表现了他的远见卓识，以及他对事物发展的非凡领悟力和高人一等的心理素质。李嘉诚把从股市上吸纳的资金，投放于大量物业的低价收购上。

果然股市"涨极必反"。在纷乱的股票狂潮中，一些不法之徒伪造股票，混入股市。东窗事发，触发股民抛售，股市一泻千里，大熊出笼。

当时远东会的证券分析员指出：假股事件只是导火线，牛退熊出的根本原因，是投资者盲目入市投机，公司盈利远远追不上股价的升幅，恒指攀升到脱离实际的高位。

恒生指数由 1973 年 3 月 9 日的 1774.96 点，迅速滑落到 4 月底收市的 816.39 点的水平。下半年，又遇世界性石油危机，直接影响到香港的加工贸易业。1973 年底，恒指再跌至 433.7 点；1974 年 12 月 10 日，跌破 1970 年以来的新低点：150.11 点。其后，恒指缓慢回升，1975 年底，回升到 350 点。

除极少数脱身快者，大部分投资者均铩羽而归，有的还倾家荡产。香港股市一片愁云惨雾。

长实自从上市那天起，股市便成了李嘉诚重要的活动领域，他日后的许多震惊香港的大事，都是借助股市进行的。1970 年代初，股市无论对投资者，对上市公司，都是个全新的课题。人们普遍表现出盲目幼稚。在这一点上，李嘉诚却能"万人疯炒我独醒"，显出了高人一等的心理素质。

毫无疑问，李嘉诚是这次大股灾中的"幸运儿"。长实的损失，仅仅是市值随大市暴跌，而实际资产并未受损。相反，李嘉诚利用股市，取得了比预期更好的业绩。

在所有人都身陷暴利诱惑当中，一心只想炒一把再说的时候，李嘉诚依然能抽身股市、把资产投入到房地产中，坚持独行，而不只顾眼前利益，是十分难能可贵的。他深知股市变幻莫测，能赚一两次钱，但无法长久，如果陷身其中，将来可能无法翻身。更重要的是，他在疯狂的股风当中，能够保持清醒，关键时刻，断然停步，这也他是终成大器的关键，正如他自己所说"知止是很重要的"。

（二）不能过分贪婪

企业人在上，因为"企"字的上面是"人"。再进一步观察，"企"字的下面是个什么字？是"止"，它是企业稳固的基础，与上面的"人"字组合起来，才能构成一个圆满的"企"字。所以，做企业懂得"止"非常重要，尤其是企业做大以后。正如李嘉诚所说："全世界很多企业之所以失败，最少一半都是因为贪婪。"

企业"止"为安。懂得了"止"，才能在经营中，适可而止，避免因为贪婪而急功近利，最终导致经营的失败。

李嘉诚说："作为企业，在生意顺利的时候，连续扩张后要切忌加大投入，绝对不能过分贪婪。当生意更上一层楼的时候，绝不可有贪心，更不能贪得无厌。"

从塑料花转型地产，再到多元化的经营战略，李嘉诚推动着自己的公司一步步发展壮大。可以说，没有做大做强的欲望是不行的。但是，这种欲望，应该是向上的动力，而不是盲目的贪婪。

事实上，生意做大财源广进的时候，李嘉诚不仅是欣喜，更有一份警惕。他时刻克制着自己的贪心，用"理性"这种美德保证了决策的科学性和正确性，避免了企业在发展中翻船。

李嘉诚经常提醒大家："大前年赚钱了，前年赚到了，去年也赚钱了，如果今年还能赚到，那就太好了。可是，这个世界没有那么顺利的事，赚了三年以后，第四年是不是还会赚呢？所以经商时应该有赚了三年份就退回一年份的想法才好。"

在李嘉诚看来，如果有了这个决心，现在就不用惊慌。就算排出一年份，还会剩下三年份，有了这种想法，就不会有苦恼，因此也就不会慌张；因为不慌张，所以能轻松地处理事物，说不定在第四年还会有赚钱的事。这不仅是"知止不贪"的理性，实际上也符合现代经济中有关波动的规律，是一种经商的大智慧。

细心的人如果稍微注意一下各大企业排行榜，就会发现，在这些排行榜中，每年都约有 10% 左右的公司被淘汰出局，而被"新贵"所取代。其实，在现代商业世界里，每天都有各类公司开张，同时也有许多公司关门倒闭。

而那些被淘汰出局的公司，相当一部分是因为贪婪而犯了"拔苗助长"、盲目扩张的商家大忌。也就是说，这些公司的领导人在生意做大的时候，太贪心了，失去了理智，最后败走麦城。

见到利益，人人都想得到，而且得到的越多越好，这是世人的共同心理。看到别人赚钱，自己也想发财，这也是正常的现象。但是君子爱财，取之有道，太贪心是要吃大亏的。对此，李嘉诚指出："商业投资需要具有良好的心理素质，禁忌贪欲过甚而不知自制。"作为一个商人，如果贪心过大，那么他在商战中很快就会败下阵来。人由于贪欲不止，往往只见利而不见害，结果是利益没有得到，祸害反而先来临了。

（三）保持良好的现金流

李嘉诚对现金流高度在意，负有盛名。他经常说的一句话是："一家公司即使有盈利，也可以破产，一家公司的现金流是正数的话，便不容易倒闭。"而在确保现金流的同时，他还努力将负债率控制到一个低位："自 1956 年开始，我自己及私人公司从没有负债，就算有也都是'假贷'的，例如因税务关系安排借贷，但我们有一笔可以立即变为现金的相约资产存放在银行里，所以遇到任何风波也不怕。"

此外，李嘉诚永远采用极为保守的会计方式，如收购赫斯基能源公司之初，他便要求开采油井时，即使未动工，有开支便报销——这种会计观念虽然会在短期内让财务报表不太好看，但能够让管理者有更强烈的意识，关注公司的脆弱环节。

隐藏在数字背后的，是这样一个逻辑：没有现金流的威胁，负债与否取决于自己，这样多数问题不是被动决定，李嘉诚对生意便拥有了尽可能大的自主权。

和黄于 2001 年开始投资的 3G 业务（全球范围内，和黄的 3G 子公司名为"3"），正是李嘉诚进军新业务的一个鲜活样本：虽然和黄从未对外宣布其投资总量，但市场估计为 250 亿美元。这很容易被视为一次豪赌，然而对于和黄而言，这却堪称一次极富耐心，准备周详的行动。

李嘉诚所以卖掉其 2G 业务（欧洲的 Orange 和美国的 Voicestream），而不是以其原有用户为基础实现换代，一个最主要的考虑是：既然这是一次技术变革带来的机会，而新技术具体什么时间崛起并不可知，如果保留原有业务，则可能出现新、老业务投资选择中游移不定的尴尬。

而在市场高位上出售 2G 业务，不仅是一种不留包袱的下定决心之举，更获得了极充裕的现金，保证了良好的现金流。

退出 Orange 两个月后，和黄就购得了在英国经营 3G 业务的执照。而与开展 3G 业务同时进行的，是李嘉诚在财务层面进行的准备。

当他决心将公司的部分财力倾注于 3G 业务时，他已经有了一个几年内可能亏损的数字预期，并依此要求地产、港口、基础设施建设、赫斯基能源等几块业务将利润率提高，将负债率降低到一个风险相对较小的程度。

2001 年时，赫斯基能源为和黄贡献的利润不过 9 亿港元，到 2005 年已经升至 35 亿，同一时期，原本利润维持在一个稳定区间的港口业务和长江基建的利润分别从 27 亿变为 39 亿，及 22 亿变为 34 亿。即使 3G 投资巨大，但到 2006 年 6 月底时，和黄的现金与可变现投资仍有 1300 亿元。

在形势大好的时候，李嘉诚一面进取，一面保证良好的现金流，使 3G 业务的推广没有了后顾之忧。其实熟悉李嘉诚的人都知道，他不仅进取时保证现金流，以其做保证，当灾难来临时，李嘉诚更加注重保证现金流的流通。

2008 年，蔓延全球的金融风暴来临后，香港经济也走入一个严峻的寒冬，大部分投资者的腰包都缩水过半，就连华人首富李嘉诚控股的公司股票，市值也大幅缩水，损失千亿港元。那么面对金融危机，李嘉诚的"过冬策略"又是什么呢？

郎咸平对他的策略归纳总结道："第一个，他立刻停止了和记黄埔的所有投资，不投资。而且负债比例极低，只有 20%，更重要是什么呢？他手中积累了大量的现金。我算了一下大概有 220 亿美元的现金，那么这 220 亿美元当中，70% 左右是以现金形式所保有，另外 30% 是以国债方式所保有，所以非常具有流动性。可随时准备应付大萧条。"

郎咸平对李嘉诚的应对策略十分赞同，认为这个处理方法值得国内企业家学习。

可以说，面对这次全球性的金融危机，李嘉诚又一次遵循了"现金为王"的投资理念，所以，当众人在经济危机中纷纷遭遇现金的尴尬时，李嘉诚凭借良好的现金流，有惊无险地度过了这次大萧条，笑到了最后，也笑得最好。

第二章　他这样面对失败

　　和其他的商人一样，李嘉诚的成功之路，也不是一帆风顺的，其间也有过惨痛的经历。但和其他人不同的是，面对失败时，他不怪别人也不怪命运；他不畏惧失败，并且思考失败，积极寻找机会转败为胜。所以每次风雨过后，李嘉诚总是微笑着说："千万不要把失败的责任推给你的命运，如果你失败了，那么继续学习吧。"

　　不仅如此，李嘉诚还积极地防御失败，纵观李嘉诚的商业生涯，我们会发现，他长青的秘诀并非比别人成功的次数多，而是比别人失败的次数少。

　　李嘉诚说"从前咱们中国人有句形容做生意的话：未买先想卖。你尚未买进来，你就应该先想怎么卖出去，你应该先想失败了会怎么样。因为成功的结果是百分之百或百分之五十，差别根本不是太重要，但是如果一个小漏洞不及早修补，可能会带给企业极大的损害。所以，当一个项目发生亏蚀问题时，即使所涉金额不大，我也会和有关部门商量解决问题，所付出的时间和精力都是远远超乎比例的。

　　"我常常讲，一个机械手表，只要此中一个齿轮有一点儿毛病，你这个表就会停。一家公司也是，一个机构只要有一个弱点，就可能失败。了解细节，经常能在事前防御危机的发生。"

第一节　逆境中拥有坚忍

一、经典语录

在逆境的时候，你要自己问自己是否有足够的条件应对。当我自己在逆境的时候，我认为我够！因为我勤奋、节俭、有毅力，我肯求知及肯建立一个信誉。

——李嘉诚

二、经典事迹

李嘉诚面对逆境无疑比大多数人要早，但幸运的是，逆境没有打败他，而是给了他一笔无比珍贵的财富，让李嘉诚有了这样的感悟："一个人无论处境如何，只要有志气，只要你肯做，都一定会有前途的。"

早年的经历让李嘉诚养成无比坚忍的品格，以后，在他每一次面对失败、挫折之际，他都敢于正视，并豪迈地说："经验是由痛苦中萃取出来的。"

（一）苦难中更需坚忍

李嘉诚说过："苦难是生存的老师，它教导人如何面对现实。"的确，苦难中，只有拥有坚忍，面对现实，才能帮人帮己，渡过难关。李嘉诚少年时期，天灾人祸接踵而至，使他历尽千辛，但他却凭着自己的坚忍克服了一个又一个困难。

1938 年 6 月，日本侵略者占领了李嘉诚的家乡——潮州。为了逃避战乱，寻找活路，1940 年，李嘉诚一家人被迫离开了故乡，离开了祖祖辈辈繁衍生息的潮州，挥泪告别亲友，踏上了前往香港的逃难之路。

老少背的背，扛的扛，终于在依依不舍之中踏上了背井离乡的不归路途。由于路上的重镇和大道都被日军占领，根本不敢走。水路上有日本军舰在粤东沿海水域横冲直撞，更不可能走。李嘉诚一家只好走小路。

寒冬腊月，阴冷潮湿，粤东的冬天不时还会降一场雨。经过几天的徒步，李嘉诚兄妹三人都累得走不动了。出门前准备的干粮剩下的也不多。这时，李嘉诚非常懂事，不管自己怎样饿，分给他的干粮自己不吃偷偷地省下来给弟妹和母亲吃，到饿极时就喝水来充饥。饥饿、寒冷、疾病，使得他们苦不堪言。

有一天晚上，他们一家人走着走着，熟睡在母亲背上的妹妹素娟突然醒来哭叫起来，喊自己肚子疼。这下可急坏了父母，在这荒山野林里，到哪里找医生呢？看到父母急得团团转，听着妹妹大声哭喊，聪明的李嘉诚突然想出了个办法。

他把手放到怀里暖了暖，然后为妹妹揉揉肚子、揉揉手和脚。没想到竟然止住了妹妹的哭声。他再从衣袋里拿出一块米加红薯的团糕塞到妹妹手里，这是刚才母亲给他的，但他舍不得吃，偷偷地留下一半给了妹妹。妹妹把团糕吃完了肚子也不疼了。

父母看在眼里，疼在心上。这段日子以来，李嘉诚总是偷偷省下分给自己的本来就不多的干粮给弟弟妹妹。几天下来，从小不算强壮的李嘉诚变得又黑又瘦了。

但最可怕的还是路上日军每几百米设立的关卡，一不小心就会送命。在爬过日军的封锁线时，李嘉诚身上被荆棘刺得鲜血直流也不敢哼一声。

经过十多天的风餐夜宿，撞过了不知道多少道鬼门关，李嘉诚一家人终于到了香港。

在一家人逃难的途中，只有 11 岁的李嘉诚，早早自立、成熟、懂事，经受了人生第一次苦难的磨炼，表现出异常的坚强和忍耐力，这也为以后他能够成为一个"香港超人"打下了坚实的基础。

（二）少年早自立

李嘉诚的父亲本为教师，到香港后找工作困难，所以李家一时生计艰难，无奈举家投靠家境颇为富裕的舅父庄静庵。庄静庵，早年就来到香港闯荡，几年后涉足钟表业，从最简单的布质、皮质表带做起，一步步做大，渐成为香港最大的钟表制售商。

李嘉诚一家到来时，庄静庵已被香港的潮州人视为成功人士。他腾出房间让李氏一家住下，又向姐夫介绍了香港的现状，劝他不要着急，慢慢找工作。

　　然而，庄静庵未提起让姐夫李云经上他的公司做职员，这是李云经夫妇不曾料及的。也许，庄静庵认为李云经年岁比他大，不便指使管理；也许是因为庄静庵在商言商，绝不把公司人事与亲戚关系搅和在一起。

　　所以李嘉诚一家生活陷入了困境。为了养家，李云经拼命工作，加上贫困、忧愤，他染上肺病，终于在家庭最困难时病倒了。为了维持儿子的学费，李云经坚持不住院，医生开了药方，他却不去药店买药，偷偷省下药钱，打算留给儿子日后上学用。

　　庄静庵知道这个情况，"强行"送姐夫住院。李云经的病情越来越重，李嘉诚每天放学后，都要去医院看望父亲，向父亲汇报自己的学业，只有这时，李云经才流露出宽慰的微笑。

　　1943 年冬天，李云经走完坎坷的一生，离开这动荡纷乱的世界。他知道未成年的儿子，未来更需依靠亲友的帮助，同时又不希望儿子抱有太重的依赖心理，临终留下"贫穷志不移"，"做人须有骨气"，"求人不如求己"，"吃得苦中苦，方为人上人"，"不义而富且贵，于我如浮云"，"失意不灰心，得意莫忘形"等遗言。

　　尽管舅父表示愿意资助李嘉诚完成中学学业，接济李嘉诚一家，但李嘉诚仍打算中止学业，谋生赚钱，养活全家人。

　　舅父没有表示异议，他说，他也是读完私塾，10 岁出头就远离父母家乡，去广州闯荡打天下的。原本，外甥嘉诚，进舅父的公司，顺理成章。庄静庵未开这个口，舅父的意思嘉诚心知肚明，他今后必须靠自己，独立谋生。

　　这一年，李嘉诚 14 岁。14 岁的孩子，正是备受父母呵护疼爱、充满梦幻的时代。而李嘉诚却失去了父亲，弟妹还年幼，母亲也只是个懦善的家庭妇女，更加上经历时局动荡，世态炎凉，这一切都促使李嘉诚少年发愤，自立自强。

（三）坚忍始于磨砺

　　李嘉诚回首往事，这样描绘他少年时的心态：

　　"小时候，我的家境虽不富裕，但生活基本上是安定的。我的父亲、伯父、叔叔的教育程度很高，都是受人尊敬的读书人。抗日战争爆发后，我随先父来到香港，举目看到的都是世态炎凉、人情冷暖，就感到这个世界原来是这样的。因此在我的心里产生很多感想，就这样，童年时五彩缤纷的梦想和天真都完全消失了。"

李嘉诚一家初到香港，李云经就发觉庄静庵异常忙碌。他没日没夜，每天都要工作10多个小时。初时，庄静庵还经常来看望姐夫一家人，问寒问暖。渐渐，他来的次数愈来愈少，有时，几天不见他的人影。庄静庵对自己家人也是如此，他无暇也无闲情逸致，与家人安安静静相聚一堂，或外出看戏郊游。

生意冲淡了家族气氛及人际关系。李嘉诚稍大后，庄静庵深有感触地对他说："香港商场，竞争激烈，不敢松懈懒怠半分，若不如此，即便是万贯家财，也会输个一贫如洗。"

中断学业后的李嘉诚就开始到处找工作，由于父亲认识的潮籍人都是小商小富，不能提供给李嘉诚工作。这时，找工作屡屡碰壁的李嘉诚，突然冒出个幼稚的想法：去银行找工作。扫地、抹灰、煲茶、跑腿，干什么都行。银行是做钱生意的，银行不会没钱。然而恰逢香港经济的严冬，银行也难以为继。

夜幕降临，李嘉诚拖着疲惫的双腿回到家，母亲却露出难得的笑颜，告诉他："舅舅叫你上他的公司做工。"

李嘉诚愣住了，泪水在眼眶里打转转。然而，顿了顿，李嘉诚又决绝地说："我不进舅舅的公司，我要自己找工作。"是先父的遗言及行为，促使他迅速做出这样的决定。他不想受他人太多的荫庇和恩惠，哪怕是亲戚。

母亲直愣愣地望着李嘉诚，他太像他的父亲，并且比他父亲还要倔强。

李嘉诚确实有几分倔强，两天遭受的种种挫折，使他产生了一个顽强的信念：我一定要找到工作！母亲同意嘉诚再去找一天工作，"事不过三，第三天还找不到，就一心一意进舅父的公司做工。"

苍天不负有心人，次日正午，李嘉诚在西营盘的"春茗"茶楼找到一份工作，但他却不能上班，老板要李嘉诚找一位有相当资产和信誉的人担保。

李嘉诚兴冲冲跑回家，跟母亲说起这事。最好的保人，就是做中南钟表公司董事长的舅父。舅父不在家，嘉诚又等不及，母亲就随嘉诚先去茶楼看看。

母亲见了老板，向他诉说家庭的不幸。老板动了恻隐之心，竟同意母亲为儿子担保。

于是，14岁的李嘉诚凭着坚忍和顽强的毅力找到了他人生的第一份工作，进了茶楼做煲茶的堂仔，开始了他自立自强，靠自己、不靠别人的人生道路。

第二节 风雨过后还是彩虹

一、经典语录

> 光凭能忍、任劳任怨的毅力就能成功已是过时的观念，成功也许没有既定的方程式，失败的因子却显而易见，建立减低失败的架构，是步向成功的快捷方式。

——李嘉诚

二、经典事迹

没有一个人的创业道路是一帆风顺的，李嘉诚也不例外。创业之初，李嘉诚经历过极惨重的失败。但李嘉诚没有在失败中沉沦，反而乐观地说到："如果你曾歌颂黎明，那么也请你拥抱黑夜。"

李嘉诚认为，失败后更要不断去尝试，不断地去找成功的对策，不应该沉溺于遗憾当中。只有尝试，才能找到成功的出口，迎接胜利的曙光，看到风雨过后的彩虹。更重要的是，在不断试错的过程中，对商业世界中的每个细节摸得一清二楚，为下一步的行动做好了布置。

（一）把失败的教训变为成功的经验

李嘉诚的成功之路，也不是一帆风顺的，其间也有过惨痛的经历。但与别人不同的是，李嘉诚积极吸取经验教训，进行总结，最终这也成为他日后做事成功的经验。

正当李嘉诚在塑胶花生产中春风得意之时，突然遇到了意想不到的风浪。一家客户宣布他的塑胶制品质量粗劣，要求退货。经过核实，李嘉诚不得不冷静下来，承认质量有问题。原来他太急躁，在经营决策上一味贪大求功，追求数量，而忽视了质量问题。

李嘉诚手中仍攥着一把订单，客户不断打电话催货。李嘉诚骑虎难下，延误交货就要罚款，连老本都要赔进去。他亲自蹲在机器旁监督质量，然而，靠这些老掉牙的淘汰机器，要确保质量谈何容易？

危机之中的李嘉诚，真正体会到做老板的难处。这段时间，痛苦不堪的李嘉诚每天睁着布满血丝的双眼，忙着应付不断上门催还贷款的银行职员，应付不断上门威逼他付原料费的原料商，应付不断上门连打带闹要求索赔的客户，以及拖家带口上门哭哭闹闹、寻死觅活要求按时发放工资的工人们。

1950年到1955年的这段沉浮岁月，直到今日，李嘉诚回想起来都心有余悸。这是李嘉诚创业史上最为悲壮的一页，它沉痛地记录了李嘉诚摸爬滚打于暴雨泥泞之中的艰难历程，也记录了李嘉诚一段最为心痛和惨重的失败历程。

几天后，李嘉诚又一次陷于人生的大磨难中。仓库里堆满因质量欠佳和延误交货退回的玩具成品，这些客户纷纷上门要求索赔，还有一些新客户上门考察生产规模和产品质量，见这情形扭头就走。业中人常说："不怕没生意做，就怕做断生意。"长江厂正处于后一种情景，李嘉诚急得如热锅上的蚂蚁。

产品积压，没有现钱，原料商仍按契约上门催交原料货款。李嘉诚上哪去弄这笔钱？他被逼急了，就说："我实在拿不出钱，你们把我人带走。"

原料商笑道："你想得美？我们要你干什么？我们要的是钱！"

可想而知，李嘉诚为平息这场灾难付出了多少努力。好在他终于挺过来了。但是渡过危机的李嘉诚内心没有存在丝毫侥幸，他开始认真地总结这次事故的教训。

经过总结，李嘉诚明白了一个道理：做生意要进取，要有速度，但是如果不能保证产品的质量，只求速度那只能导致自己更快地灭亡。

所以，在以后的经商生涯中，李嘉诚始终把产品的质量和企业的信誉放在第一位。如此经商的李嘉诚也赢得了所有人的信任，赚得了钞票，获得了成功，赢得了好口碑，才使得生意越做越大。

成功之后的李嘉诚每每回忆起这件事，总是说："人们称我是超人，其实我并非天生就是优秀的经营者，到现在我只敢说经营得还可以，我是经历过很多挫折和磨难，才悟出一些经营的秘诀的。"的确，失败并不可怕，只要能在失败后像李嘉诚一样，认真总结，吸取经验教训，那么失败就可以为成功提供经验。

（二）信心是关键

最艰难的时期，长江厂实在无法继续维持生产，李嘉诚决定暂时不再继续生产。那时他除要应付债主之外，还要面对一批在厂里无所事事的工友。

李嘉诚再三思考，最后断然决定裁减了一批工人。因为无薪水可发，又无法继续开工，与其让这些工人守在身边，不如给他们以新生活的机会。不过李嘉诚在裁减工人时说："请大家放心，我现在是因为无薪水可发才不得不让大家回去的，将来我的长江厂一定会具备再次开工的条件，我还是要把大家都请回来的。"

李嘉诚不但是这样说的，他心里也的确是这样想的。他始终坚信他的长江塑胶厂只是暂时遇到了危机，只要给他时间，长江塑胶厂一定可以再次站立起来。

这样李嘉诚身边只留了几位对生产环节颇熟悉的工人，他需要在停产期间继续检修机器设备，同时还要考察香港市场的塑胶产品，以设计出具有长江厂自己独特风格的新产品。

李嘉诚一面带人检修机器，抢修厂房和设计新产品，一面把从前被客户退回的玩具进行了局部修改、打磨和回炉。经过他对旧产品的重新改造之后，李嘉诚决定把这批产品再次投放市场。

当然他的新市场是经济较为滞后的周边地区，譬如台湾地区当时尚未有塑胶产品面市，尤其是塑胶儿童玩具极为鲜见，与当时的香港几乎不可同日而语。他亲自带人去台湾推销这批塑胶儿童玩具，并主动把售价压低到最低限度，居然取得了意想不到的效益。

这批产品还销往东南亚一些塑胶产品相对落后国家的边远地区，那里的儿童对于李嘉诚经过改造的塑胶玩具极有好感，因为它们既物美又价廉，市场的销路十分看好。有了这些陆续回笼的钱款，李嘉诚首先用于还个人的借款，然后再还那些辞退工人的薪水。

到了1954年秋天，李嘉诚几乎还清了绝大多数从私人手中借用的钱款，社会声誉也改变了，新的产销局面鼓舞着他不断奋进。

失败之后是否仍有信心，是否能够保持或者重新拥有清醒的头脑，是成功的关键。正如李嘉诚的这次经历一样，如果当初他丧失了信心，被困难打到，一蹶不振，那么长江早已经不存在了。

（三）李嘉诚的失败定律

李嘉诚说："市场的逆转由太多的因素引发，成功没有绝对的方程式，但失败都有定律。我有四点可以增强承担风险的能力：1. 谨守法律和企业守则；2. 严守足够的流动资金；3. 维持溢利；4. 重视人才的凝聚和培训。

"现今世界经济形势非常严峻，成功没有魔法，也没有点金术，但人文精神永远是创意的源泉。作为杰出的企业领导，必须具有国际视野才能全景思维，具有长远眼光并能务实创新，掌握最新最准确的资料，迅速作出正确的决策，然后全力以赴地行动。并且，在过程中，建立个人和企业的良好信誉。"

美国一个工会领袖退休时说的一句话，给李嘉诚留下了极深刻的印象："企业最大的失败是企业关门。你关门破产，工人都跟你一起失败。"一个人当然是不怕失败，失败后可以东山再起。但当公司有一定规模之后，你就要更小心。

李嘉诚一生中，始终坚持"不熟不做"的投资理念。他从做塑胶花起家，而后投资房地产，逐步走向了多元化。每一次投资，李嘉诚都围绕着核心业务来发展新客户，投资新领域，创建新的商业模式。在进入不熟悉、没把握的领域，他一定要在实地调查的基础上聘请专业人士评估市场，然后做出科学决策，严控投资风险，做到万无一失。

实践证明，多年来，李嘉诚创造了不败的神话，他总结出的这四条"失败定律"让他干一行，旺一行。他常常这样评价自己："今天的李嘉诚给人们最鲜明的印象是个足智多谋的人，他在经营策略上从不轻易去冒险，更不会有随便碰碰运气的行动。他的所有决策都是来自最全面，最广泛的有关资料；他的决定，都按照现行的情况作进退取舍，这也是他为人之道的最出色的本领。"

第三节　玩玩长线

一、经典语录

我们主要的衡量标准是，从长远的角度看该项资产是否有盈利潜力，而不是该项资产当时是否便宜，或者是否有人对它感兴趣。我们历来只做长线投资。

——李嘉诚

二、经典事迹

李嘉诚说过："对这一行业未来至少是一到两年的发展前景有了预测，那么你面对每一件事都会简单的多，准确的多。"李嘉诚由一个名不见经传的小伙计，成长为华人首富，把生意做到了全球，靠的就是远大的眼光，做长线投资的气魄。

经商一定要看得长远，能够看到 5 年、10 年、20 年以后的发展趋势。如果只看到眼前的一点蝇头小利，李嘉诚的生意就做不到今天这样辉煌。因此，李嘉诚从来都是瞄准未来，而不仅仅只是做今天的生意。

（一）目光长远

对聪明而有战略意识的商人而言，投资眼光直接决定成败。成功人士往往善于施展大手笔，不仅敢于投资，更是在"远"字上下功夫。李嘉诚就是这样一位睿智的商人，他善于长线投资，且屡战屡胜。

1975 年爆发石油危机后，经济衰退严重，香港市场股票暴跌，地价也大幅下跌，而李嘉诚却稳坐钓鱼台，不但不急于抛售，反而大量收购土地。几年里李嘉诚屏声静气地以低廉的价格收购了不少地皮。

为提高长江实业公司的购买力，李嘉诚以 6800 万港元私款注入长江实业公司，使得不少投资者对李嘉诚和他的长江实业公司深具信心，纷纷购买长江公司的股票。当第二年长江实业公司再度增加新股时，认购者非常踊跃。

连续几年，李嘉诚的事业一直是一帆风顺，公司实力也更加雄厚，资信度不断提高。在公司两度增发新股筹得巨资以后，受到美国大通银行的注目，大通银行贷款给长江实业公司两亿港元，这笔巨款使公司如虎添翼。随后李嘉诚在智囊团的精心策划下，进行了两项震惊全港的交易。

第一笔交易，他成功地收购了香港希尔顿酒店和巴里凯悦酒店的温可公司，然后卖掉了巴里凯悦酒店，保留希尔顿酒店。直到现在，这家坐落在中心繁华地带的五星级酒店仍给李嘉诚带来了相当可观的利润。

第二项交易，李嘉诚成功地争得了在香港岛上建造地铁车站的两块土地的合同。后来在这两块地皮上建起了现在金钟站的海富中心和中环站的环球大厦。由于这两间大厦位于香港中区商业金融中心的黄金地带，建成不久就被高价抢购一空。

李嘉诚全心全意地向获利甚丰的地产业进军，雄心更大，目光放的更远，他为再次垂钓"大鱼"放出长线，投下"饵料"。水泥是建筑业最重要的材料，在香港需用量很大，而香港只有一家水泥生产厂——青州水泥公司，而这唯一的水泥公司却因为机器陈旧，导致产量不多，品质低劣。这样香港建设需用的水泥，大都从外地运来，时常供应不足，延误工期，有时还遇到中间商的剥削。

李嘉诚看准时机，毅然把这家水泥厂收购下来，然后更新设备、改善品质，让其长期供应长江实业公司建筑工程使用。更重要的是，青州水泥厂占用的那一大块地皮也给李嘉诚带来了丰厚的利润。

水泥厂坐落在九龙红磡，以前是荒落的郊区，经过二三十年香港经济发展，人口膨胀，红磡已成了稠密的住宅区，水泥厂给当地造成了严重的污染，影响了居民生活。李嘉诚抓住有利时机，果断作出决策。他一方面请求港府在远郊拨地，另一方面向政府申请补地价，在水泥厂原有的地方改建住宅区。香港政府接受了这个请求，并给予李嘉诚特别优厚的条件。

昔日青州水泥厂那样使用价值低微的大片土地，在改变用途之后，像点石成金一样给李嘉诚带来大量财富，更让李嘉诚的长江实业集团雄踞香港企业鳌头，这一切都源于在"远"字上下功夫。

（二）超前意识

李嘉诚之所以投资长线，而舍去短线，是因为他深深地明白，要想成就更大的事业，必须有超前的眼光。他说："作为一个成功的商人，必须具有高瞻远瞩的目光，同时要具备超人的胆略和敢于冒险的气魄，这样才能把事业拓展得更加宏大。"

Orange 是和黄最为成功的投资典范之一，20 世纪 80 年代后期，和黄注册五亿美元收购 Orange 发展电讯事业，后来 Orange 成为英国第三大电讯公司，同时为以色列、香港及澳大利亚提供电讯服务。90 年代后期，和黄通过出售部分 Orange 股权取回全部投资成本，此次的千亿港元交易全为投资利润。

当时有关收购消息传出后，长实系股价闻风而动。和黄当日收市报港币76.5 元，升幅总达 9%，连带其控股公司长江实业也获益匪浅，股价自三日前的 58 元升至当日收市的 67.5 元，飙升达一成以上。

和黄本是一家老牌英资企业，20世纪80年代初被李嘉诚的长江实业收购，组成长和系。在李嘉诚领导之下，和黄致力于业务多元化及国际化，迄今已发展成为一个包括港口、电讯、地产、零售及制造、能源及基建五大核心业务在内的综合型跨国企业。

亚洲金融危机之后，和黄奉行继续扎根香港，但同时也不排除在海外寻求投资机会的经营策略，企业国际化进程加快。

1989年，和黄通过收购一家电讯公司而涉足英国电讯市场，但却出师不利，处于长期亏损状态。当时和黄在英国推出的CT2电讯服务，名为RAB-BIT（兔子），由于只能打出而不能接入，较同期其他技术逊色，因此不能吸引更多客户，其产品模拟式电话价格迅速下跌，这项技术服务只好宣布死亡，和黄也深受损失，为此撤账14.2亿港元。

后来，和黄又于1994年投资84亿元成立Orange，推出个人通讯网络。它起初也不被业界看好，但李嘉诚看中的是它长远获利的能力。而事实也的确不出所李嘉诚所料，个人通讯网络渐渐被消费者接受，手提电话的销售成绩也很不错。1996年，Orange在英国上市，随即成为金融时报指数100的成分股，同时也为和黄带来41亿港元的特殊盈利，并已收回全部投资。

该股份虽未盈利，但股价却比上市时提高了六成多，其市值也由当时的200多亿港元增至2000多亿港元。到1997年为止，Orange的英国客户突破了100万，成为英国第三大流动电话商。1998年2月，和黄出售4.3%的Orange股份，套现53亿港元；加上并购交易所得的220亿港元现金、220亿港元票据，以及650亿港元的德国电讯公司的投资，和黄在投资Orange上的回报已超过十倍以上。

卖Orange的成功，是和黄历史上最重要的一项交易，引起了海内外市场的轰动，也引来了无数人的羡慕，大家都十分好奇和黄集团主席李嘉诚经商的"秘诀"。在记者会上，李嘉诚这样说："电讯业务是未来集团发展重点，我已知道五年后和黄要做什么。"

李嘉诚的超前意识就表现在他永远知道他五年以后、十年以后要做什么，他的公司要做什么。作为商人，如果没有超前意识，而只是计较于眼前的蝇头小利，那么即使侥幸略有所得，也不容易把公司做得长久。

（三）长线投资

在股市的投资上，李嘉诚依然青睐长线投资。

李嘉诚作为南方航空（01055.HK）、中远控股（01919.HK）以及中海集运（02866.HK）三只股票的基础投资者，早在三只股票 IPO（首次公开募股）时，就以较低成本买入，后来又在牛市高峰时大量减持，最终锁定收益，避免了这波大幅调整带来的巨额损失。

李嘉诚持有南方航空的股票最早可以追溯到 1997 年的招股时期，当时招股价约 4.7 港元，李嘉诚一直是该股的长期持有者。但在持有 10 年后，李嘉诚基金及和记黄埔总共进行了多达 10 次的密集减持，共减持近 1.62 亿股，套现 17.02 亿港元。统计显示，按当年招股价计算，这 10 次减持后，李氏基金获利达 9.4 亿港元。而如果这些股份保留至次年 10 月底，则只剩1.9 亿港元，跌幅高达 91%。

从 2007 年 11 月 1 日开始，李嘉诚又对中远控股进行了减持，至 12 月 14 日总共进行了六次操作，共计减持 1.8 亿股，套现 51.72 亿港元。按该股 2005 年上市时招股价 4.25 港元计算，李嘉诚获利约 44.07 亿港元；相反，如果这批股份保留至 2008 年 10 月底，市值则只剩下 7.19 亿港元，跌幅高达 86%。

在同一时间段，李嘉诚还对另一中资股——中海集运进行了五次大减持，共减持 5.56 亿股，套现 20 亿港元；如果持有至次年 10 月底，这批股份已经跌去 87% 的市值，仅剩 4.78 亿港元。

李嘉诚对上述各股的投资可谓"长线投资"的典型。

尽管港股处于疯狂上涨阶段，李嘉诚却选择果断卖出，套现近 100 亿港元。可以说，李嘉诚对长线投资的适度把握，使其既享受到长线投资的巨额收益，也规避了长期投资的巨大风险，是股市投资一个非常值得借鉴学习的投资策略。

事实上，李嘉诚一向都很注重自己的投资策略，甚至提出了"舍短取长"的观点。他认为投资回报的利润法则就是"最大的财富一定是时间最久的投资"。

1972 年，香港股市兴旺，股民成交活跃，恒指急速高攀。李嘉诚借此时机，令长实骑牛上市。长实股票以每股溢价 1 港元公开发售，上市不到一天时间，股票就升值一倍多。李嘉诚首次迈进股市的举措就是"高出"。

这时，目光敏锐的李嘉诚，觉察到了股市的升值潜力。因此，在当时低迷不起的市价基础上，他亲自安排长实发行 2000 万新股，以每股 3.4 港元的价格售予自己。

同时，李嘉诚还决定放弃两年的股息，这不仅讨得股东的欢心，还为自已获得了实利——股市日益兴旺，牛市一直持续到 1982 年。长实股升幅很大，李嘉诚后来赢得的实利远远超过了当年放弃的股息。

第四节　困境时需灵活应对

一、经典语录

> 没有时机，一个人再有才能也是无济于事。假若你强行做，就很有可能遭到失败的厄运。
>
> ——李嘉诚

二、经典事迹

李嘉诚曾说："其实我并非天生就是优秀的经营者，我是经历了很多挫折和磨难之后才领会一些经营要诀的。"在经商的过程中，遇到挫折和困境是决不可避免的，但是李嘉诚凭着超人般的意志，非但没有在困境前止步，反而能够灵活应对，最终不仅走出了困境，还积累了不少经商智慧。

（一）时机不对等一等

自从离开舅父的钟表公司，李嘉诚就决定干一番大事业。但是他明白，时机未到：自己一无经验，二无资本。所以，他决定一边工作，一边等待时机。

这一等就是 7 年。

7 年里，李嘉诚忘我地工作，为了自己将来的事业积累经验和资金。他寻寻觅觅，终于发现塑胶这个行业前途远大。但是，他并没有盲目去做，因为他懂得"打头阵的赚不到钱"，他要等等看。

时机终于成熟。当时塑胶业由于盲目投产扩产，许多厂家在激烈的竞争败退，整个香港只剩下了两家实力不错的企业。李嘉诚认为时机到了：需求是存在的，而且只有两个厂子，这时候投身塑胶业，再合适不过。

1950 年，22 岁的李嘉诚终于辞去总经理一职，尝试创业。当时，李嘉诚的资金十分有限，两年多来的积蓄仅有 7000 港元，实不足以设厂。他向叔父李奕及堂弟李澍霖借了 4 万多元，再加上自己的积蓄，总共 5 万余港元资本，在港岛的皇后大道西，开设了一家生产塑胶玩具及家庭用品的工厂，将厂名定为"长江"。

（二）有利则进，无利则退

李嘉诚常常说："永远不要与你的业务谈恋爱。"在生意场中，李嘉诚有时退避三舍，不肯轻易出手；有时又坚持不懈，穷追不舍，甚至不惜倾全力一搏。他从不偏爱任何一项业务。

最能体现李嘉诚这种有利则进、无利则退的风格的是与华资财团联手合作，吞并垂暮狮子置地。

当时，各种收购的传闻纷纷扰扰，众多财大气粗的华商大豪，均被认为可能染指置地：长江实业的李嘉诚，环球集团的包玉刚，新世界发展的郑裕彤，新鸿基地产的郭得胜，恒基兆业的李兆基，香格里拉的郭鹤年等等，皆在此列。另外，股市狙击手刘蛮雄，也可能趁虚而入，狙击置地这个庞然大物。

众所周知，置地一直以来都是李嘉诚强劲的对手，这次置地出现危机，正是李嘉诚的大好时机。所以，公司的很多幕僚都劝李嘉诚果断出击，勇夺置地。

但李嘉诚在谈判中不想表现得太积极，同收购港灯时一样，他有足够的耐心等待有利的时机。

此时，香港股市一派兴旺，很快便攀上历史最高峰，并非低价吸纳的最好时机。然而天有不测风云，扶摇直上的香港恒指，受华尔街大股灾的影响，突然狂泻。1987 年 10 月 19 日，恒指暴跌 420 多点，被迫停市后于 26 日重新开市，再泻 1120 多点。股市愁云笼罩，令投资者捶胸顿足，痛苦不堪。

香港商界惊恐万状，大家自身尚且难保，再也没有余力卷入收购大战了。置地股票也跌了约 4 成。李嘉诚的"百亿救市"，成为当时黑色熊市的一块亮色。证券界揣测，其资金用途，将首先用做置地收购战的银弹。

正如一场暴风雨一样，这次股灾来得猛，去得也快。等到 1988 年 3 月底，沉入谷底的恒指开始回攀。银行调低贷款利率，地产市况渐旺，股市也逐渐开始转旺。

一直善于等待时机、捕捉机会的李嘉诚，这次为什么没有借大股灾之际趁火打劫呢？须知股灾中置地股价跌到 6.65 港元的最低点，即使以双倍的价格收购，也不过 13 港元多，仍远低于李嘉诚在股灾前提出的 17 港元的开价。

原来，收购及合并条例中有规定，收购方重提收购价时，不能低于收购方在 6 个月内购入被收购方公司股票的价值。10 月份的股灾前，华资大户所吸纳的置地股票，部分是超过 10 港元的。这就是说，假设以往的平均收购价是 10 港元，现在重提的收购价，就不得低于 10 港元的水平，而 6 个月后，将不再受这一限制。

4 月中旬，股灾发生后已过了整 6 个月。此时，置地股从最低点回升后，仍在 8 港元的水平上徘徊，仍低于股灾前的水平，依然对收购方有利。

最后，由于置地强力进行反收购，李嘉诚的收购成为不合算行为，于是李嘉诚毅然放弃了已经花费了大量心血、做好了充分准备的收购。

这次收购虽然最终没能成功，但是李嘉诚的做法却值得称道。

因为投资不可以意气用事，打得赢就打，打不赢就走，在两败俱伤中夺取微弱的胜利，在一般情况下不是真正的投资家应有的做法。在这个意义上，甚至可以说李嘉诚退出收购反而是一个胜利。

（三）及时调整策略

1992 年 6 月，北京市政府表示可以考虑与外商合作开展王府井旧城区改造工程。一时，香港大财团蜂拥而至。王府井是首都最繁华、历史最悠久的商业区，在这些黄金地段，想找一间铺面都难似登天，现在竟有望获得以公顷计算的大幅土地租用权。香港一位地产分析员称，谁拥有王府井一幅土地，谁就拥有了一座金矿。

获悉此消息的时候，李嘉诚和南洋富豪郭鹤年正在上海联手投资地产，他觉得事不宜迟，旋即飞往北京，很快就与北京市政府签署了意向书。

在大中国心脏的中心，拥有一大幅土地，用以建造世界一流的商业中心，无疑是划时代的鸿篇巨制。谁知才过了一年余，中央实施宏观调控政策，压缩基本建设规模。对此，郭鹤年知难而退，让超人上场。发展王府井地产物业的控股权顺势落到长实一方。李嘉诚又一次显示出超人的智慧与谈判技巧，有关立项、规划等异常繁杂的手续，都在 1993 年获市政府批准。

该项合作发展的商业用途大型物业，正式定名为东方广场，李嘉诚一边不断完善未来商业中心的设计，一边等待着旧址上的居民和商户搬迁。

一开始，搬迁工作进行得很顺利，居住多年的老住户们虽然恋恋不舍，却都全心全意支持政府工作。然而很快，问题出现了。先是矗立王府井多年的历史悠久的"新华书店"，引起"拆与不拆"的争议，幸而还算顺利地拆迁了，解决办法是王府井给"新华书店"留出一块地盘，将来"新华书店"必须迁回原址。

第二难题和全世界最著名的快餐集团麦当劳有关，李嘉诚没想到，麦当劳竟然拒不配合市政府的拆迁工作。当时，麦当劳快餐店的王府井分店，号称这家集团在世界上最大的一家分店，每天客流量都在1万人左右，利润相当高。麦当劳自然不愿放弃这块日进斗金的风水宝地。

当时，海内外媒体对此事高度关注，并及时作出了报道，锋头直指李嘉诚。

李嘉诚对此并不介意。他一如既往地积极想办法，解决这个棘手的难题，他主动提出：只要麦当劳答应先迁出王府井，将来东方广场一定会留一个比现在更大更好的店面给麦当劳经营。再加上北京市政府允许麦当劳开设多家分店，麦当劳集团觉得有利可图，终于一改前期的强硬态度，同意搬迁了。

第五节　"舍"与"得"的智慧

一、经典语录

> 我很早就认识到，不要与人争利，吃亏是福。所以，每次看似我损失很大，但实际上我得到的更多。这大概就是中国古语所说的"以退为进"吧。
>
> ——李嘉诚

二、经典事迹

"舍"与"得"的智慧，正如古代著名的布袋和尚，写过的一首禅理诗："手把青秧插满田，低头望见水中天。六根清净方为道，退步原来是向前。"

很多人都认为农民插秧就像走路一样，是向前一点一点插的，但这只是想当然的结果。如果你曾经观察过农夫在田中如何插秧苗，你就会发现农夫都是躬着身子，一步一步向后倒退着插的。看起来农夫的脚步是向后不断退让，实际上却是一步步前进，直到把秧苗插满了整个农田。退实为进，舍实为得，事物的道理有时就是这么高妙。

李嘉诚说："如果我的财富，能为社会带来较大的益处，我有什么舍不得的呢?"这就是"舍"与"得"的智慧，李嘉诚对这首诗颇有领悟。

（一）以退为进

1978 年，是长江实业集团有限公司取得多项重要进展的一年。"长实"不仅拥有越来越雄厚的资金，而且显示了巨大的竞争实力，声名远播。这不能不引起在港英资金融巨头汇丰银行的重视与刮目相看。

到 1978 年 9 月，李嘉诚手头已掌握了九龙仓 18％的股票，几乎与怡和系财团对等（怡和财团控制有九龙仓 20％股票）。此时，香港船王包玉刚所领导的一家华资集团也在筹划争夺九龙仓的控股权。面对这个激烈竞争的局势，李嘉诚考虑到，一方面，既要照顾好汇丰银行与怡和财团之间的关系，又必须妥善地处理好"长实"与"船王"的关系；既要做到避免剑拔弩张的局面，又能为"长实"的股东牟利。

几经反复思考，李嘉诚终于下了大决心，在中环文华阁约见了船王包玉刚。双方经过 20 分钟的商议，李嘉诚将已掌握的 9000 万股九龙仓股票转卖给了包玉刚。此举，不仅让包玉刚用 30 亿港元赢得价值 98 亿港元的九龙仓控股权，满足了包玉刚的愿望，李嘉诚自己也从转让中赢得了纯利 5000 万港元。

各得其利，各适所需。李嘉诚这招以退为进，看似吃亏，实则受益颇多。

这件事，当年在香港商界中曾被看成是一个尚未解开的"谜"团，被蒙上了一层神秘色彩。但从当时的客观情势及后来的结果来看，李嘉诚"以退为进"、"以和为贵"、"以让为赢"的经营策略，实是高"招"。他这样做，既使得香港船王包玉刚满意，得到汇丰银行大财主的首肯，也使到"长实"股东下得了"楼梯"，获得了利润。

其实，这是很高明很有策略的"招数"。暂时的、局部的、有利的"退让"，有效地调整了"长实"与"船王"、"汇丰"之间的关系，并为不久之后"长实"赢得事业上"质"的飞跃埋下了一个很大的"伏笔"。

(二)义在财前

子曰:"君子喻于义,小人喻于利,不义而富且贵,于我如浮云。"李嘉诚虽然也如熙攘往来逐利的人一样求财奔富,但他时刻恪守一个"铁律"——"义在财前"。他说:"有些生意,已经知道是对人有害,就算社会容许做,我也不做。"他曾告诫员工,不要占任何人的便宜。

所谓站得高方能看得远,"不贪小利",方能从大局着眼,既顾及他人利益,又重视本人形象。这种为商者姿态方能有"做大蛋糕"而非"多分蛋糕"的魄力,方能依靠其才智努力,赚取漂亮钱;此等境界方能不贪图蝇头小利,不去赚那些易引人非议的"滥钱"和"黑心钱"。

在股市上纵横驰骋取得非凡业绩的李嘉诚,并未因得利而淡出股市,一走了之。李嘉诚深知股市零和结局的"残酷"。因此,他想方设法把从股市上赚得的利益分一些给散户。他对自己手下的一些上市公司进行公众性质的改革,使之成为私有公司来让利于小股东。

实行私有化的改革关键是要选择时机,许多股票投资者奉行的法则是:骑牛上市,借熊退市。李嘉诚却反其道而行之。

1985年10月,香港股市正值牛市。李嘉诚宣布将旗下的国际城市有限公司私有化,出价1.1港元,较市价高出一成。这种价格对小股东来说自然大喜过望,纷纷表示愿意接受收购。有人甚至批评李嘉诚"看走了眼,没有抓住实行私有化最有利的时机"。

我们还是来听听李先生的解释:"我们不是没想过借熊退市,但趁淡市以太低的价钱收购,对小股东来说不公平。""己所不欲,勿施于人",李嘉诚这种"厚道",看似"愚顽",实则"大愚乃是大智",这也许是为什么李嘉诚能得到无数股东和商业伙伴拥戴的原因。义在财前,才能聚人,才能生财,才能又富又贵。

(三)简单就是幸福

李嘉诚说:"1957年、1958年,我赚了很多钱,那两年,我很快乐。"一年后,快乐换来迷惘,他想:"有了金钱,人生是否就可以很快乐呢?"

左思右想,他终于想通了:"当你赚到钱,等有机会时,就要用钱,赚钱才有意义。"

等到想通了金钱的意义，李嘉诚跳离了金钱的圈套，并把这一所悟教育给自己的儿子李泽钜、李泽楷。李嘉诚 14 岁丧父，今日的成就是依靠自己千辛万苦挣出来的。

于是他明白，只有磨炼，方知做人、做事的艰辛，温室里的幼苗是不能够茁壮成长的，他带他们去看外面的困难，让他们去领会人生的艰辛，带他们坐电车、坐巴士，还跑到路边报纸摊档，看那一边卖报纸一边还在温习功课的小女孩，让他们知道这才是求学态度。他带着两个儿子，从身边大众身上去接受、领悟人世的坎坷，品味该如何去做人。

小儿子李泽楷说："我觉得我很幸运。可能是令人想不到的，我们的生活是那样简单，不是说简单就叫作非常好，而是简单原来就是非常幸福。"

李泽钜说："爸爸是一个很懂得用钱的人，他知道生命中哪些事情是最重要的。如果在他一生中，在教育和医疗方面，可以帮助不幸的人，他感觉更加富有。"

每当星期天，李泽钜、李泽楷两兄弟必定会跟父亲出海畅游，这已是多年的习惯，像一日三餐不可或缺。也许大家感到奇怪，不就是出海吗？人人都会，人人都去得。但是，他们出海畅游的目的，在于他们要协力上演一幕"压轴好戏"。

据李嘉诚所言："他们一定要听我的话。我带着书本，是文言文那种，解释给他们听，然后问他们问题。我想，到今天他们亦未必看得明白，但那却是中国人最宝贵的经验和做人的宗旨。"

做生意跟做人一样，李嘉诚有自己坚守的原则。赚钱与用钱的关系是相互的。李嘉诚将这两者的关系处理得非常好。在众人的眼里，李嘉诚是一个成功的企业家、商业巨子，懂得如何赚大钱。但在他的两个儿子的心里，李嘉诚有另一种心灵上的追求，感觉很温馨。

第三章　他这样创新求变

世界飞速发展，商人只有创新求变才能跟得上时代的步伐，进而走在别人前面。李嘉诚就是这样一个积极创新求变的人。

李嘉诚明白只有创新求变、求突破、求发展才能抓住机遇。对此，李嘉诚是这么说的："我们不仅要转变，还要有国际视野，掌握和判断最快、最准、最新的资讯，靠创新走在对手前面几步。不愿意改变的人只能等待运气，懂得掌握时机的人更能创造机会。"李嘉诚不止一次说："第一个吃螃蟹的人永远吃得最香。"创新求变的李嘉诚已经多次尝到这种甜头。

第一节　才智是创新的资本

一、经典语录

　　不读书、不掌握新知识、不提高自己的知识资产，照样可以靠吃"老本"潇潇洒洒过日子，这是旧时代不少靠某种"机遇"发财致富的生意人的心态。如今已不可取了。

——李嘉诚

二、经典事迹

　　知识日益成为财富的代名词。如今，世界甚至流行着这样一种说法：即使一个国家不够富裕，但只要它有充满智慧的人民，有重视知识的传统，那就可以断言，这个国家是有前途的。在瞬息万变的生意场上，李嘉诚能够不断地创新求变，也正是因为不断学习、提升才智。

（一）不断地学习

　　在长江实业集团工作了 26 年的洪小莲说："李先生常说的一句话是——不懂便要学。"看着自己的老板由最初从事塑胶工业，转移做地产，后来再发展港口、通讯、石油等行业，每一门生意技术上的细节，他都能掌握得很清楚，洪小莲说这一点她由衷地佩服李先生。

　　"记得我初到长江时，有一次午饭后，我坐在自己的位子上看报，李先生突然走过来，看到我刚刚在看娱乐版，他说你看这些是浪费自己的精力时间，全无得益，又学不到什么，值得吗？我最初的反应是觉得自己在消闲，没有什么所谓。后来细心再想，他说得很对，从此我便很留意自己对时间的利用和分配。"

　　洪小莲不止一次向记者说，若她跟的老板不是李嘉诚，今天她肯定会是另外一个人。

　　日军侵占香港的 3 年零 8 个月，是李嘉诚一生最艰难的岁月。父亲去世，他孤身一人留在香港赚钱，维持在家乡的母亲和弟妹的生活，但是回忆这一段岁月，李嘉诚却说："这3年零8个月，可以说是我一生之中最重要的。我现在仅有的少少学问，都是在这期间得来的。当时公司的事较少，工作清闲，其他同事都爱聚在一起打麻将，而我则捧着一本《辞海》，一本老师用的教本便自修起来，书看完了卖掉再买旧书。"

人家说读书求学问，李嘉诚经常笑言自己是"抢学问"，争分夺秒地把古圣贤书一笔一笔抄写在旧报纸上，加深记忆。

李先生说他除了小说以外什么书都看，文、史、哲、政、经、科学等都是现代企业家必须掌握的知识，他认为如果能跟随社会进步，甚至跑前一点，那么对未来的判断会更加准确。事实也的确如此，李嘉诚不断地学习新知识，而他的企业王国也因此紧扣着香港的经济发展的步伐，或者更正确地说，是比香港的经济轨迹还要快一步。

李嘉诚总是说："不会学习的人就不会成功，不会总结的人就难以战胜失败。"创业、成功，要把握商业道德，要有勇气和能力，通过不断学习去克服过程中的艰辛。

从清贫困苦的学徒少年到"塑胶花大王"，从地产大亨到股市的大腕，从商界的超人到知识经济的巨擘，从行业的至尊到现代高科技的急先锋……李嘉诚一路走来，几乎都能占得先机，发出时代的新声，争得巨大的财富。

他一生勤奋学习，博览群书，靠知识引导前行，敢于不断尝试新的未曾涉猎的领域，并多次获得丰厚的回报。他的每一次战略抉择，都既能顺应产业、行业趋势的变迁，又能够推动社会的进步和发展。有学者评价李嘉诚说"他是跃进到现代化的永无止境的变动之中的人"。

曾有人问李嘉诚："今天你拥有如此巨大的商业王国，靠的是什么？"李嘉诚回答："依靠知识。"有人问李嘉诚："李先生，你成功靠什么？"李嘉诚毫不犹豫地回答："靠学习，不断地学习。"是的，"不断地学习"就是李嘉诚获得巨大成功的奥秘。

（二）随环境而变

有记者采访李嘉诚时，问过这样的问题："一个人的成功是不是跟小时候立下的志向有关系呢？一个人的志向是不是天生就有的呢？"

李嘉诚很认真地回答道："以哲学的角度而言，事物都是发展的。人的志向是由儿时的幻想到以后成长中的实际情况，也是一个纵向发展的过程，这其中就涉及到两个环境：其一是你自己的理想所造就的；其二是现实生活所给你的。这两个环境都是你无法抗拒的，他们相互斗争的过程，也是磨砺你意志的过程。就拿我自己来说，童年的时候，父亲教育我要学习礼仪和遵守诺言，而我呢，也受到父亲的熏陶，自小便很喜欢念书，而且很有上进心。那时候，我就暗暗地发誓，要像父亲一样做一名桃李满天下的博学多知的教师。但是后来环境一改变，贫困的生活迫使我孕育一股更为强烈的斗志，就是要赚钱。可以说，我拼命创业的原动力就是随着环境的变迁而来的。

"当我 14 岁的时候，父亲去世，我要肩负家庭的重担，因为我是长子，而父亲并没有留下什么给我们，所以读书是绝对不可能了。赚钱是迫在眉睫的必须，这样志向就有了改变。而且，在接下来进入社会开始工作的日子里，我有韧性，能吃苦，因为我不计较个人得失，只是勤奋工作，努力向上，再加上忠诚可靠，反而一路进步，薪金也一路增加。"

李嘉诚的第一份工作是在茶楼做煲茶的堂仔。

广东人习惯喝早晚茶，天蒙蒙亮，就有茶客上门。店伙计按照季节的不同，必须在早上 5 时左右赶到茶楼，为客人准备茶水茶点。上班的头一天，舅父送给李嘉诚一只小闹钟，让他掌握早起的时间。他每天把闹钟调快 10 分钟，最早一个赶到茶楼。李嘉诚十分珍惜这来之不易的工作，他要抓住这个养活一家人的机会。这一习惯，他保持了大半个世纪。直到今天，李嘉诚的手表始终比别人的快 10 分钟。茶楼工作每天都在 15 个小时以上，而且李嘉诚在茶楼中还要不断地跑堂，这对一个才十四五岁的少年来说，实在是太累太乏了。白天时，茶客较少，但总会有几个老翁坐茶桌泡时光。李嘉诚是地位最卑下的堂仔，大伙计休息，他却要呆在茶楼侍候。

李嘉诚对儿子谈他少年时的经历："我那时，最大的希望，就是美美地睡上三天三夜。"

茶楼是个小社会，三教九流，什么样的人都有。他们或是贫穷，或是富有；或是豪放，或是沉稳。在那里，李嘉诚学会了察言观色，这些为李嘉诚日后从商打下了很好的基础。他开始学着根据茶客的外貌、举止、言语去揣测他们的职业、财富和性格，他由此而养成观察人的习惯，在这里，他学到的第一个功夫就是察言观色，然后见机行事，这对他日后从事推销员大有裨益。

李嘉诚对每一位常到茶楼的顾客几乎都做到了心里有数，对于他们的消费需要和消费习惯都了如指掌。比如：谁爱吃虾、谁爱吃鱼，谁爱喝红茶、谁又爱喝绿茶。李嘉诚的这一招，令客人们十分满意，很多人成了茶楼的回头客。

李嘉诚尤其喜欢听茶客谈古论今，他从中了解了许多社会上的事情。不少事，在家里、在课堂上闻所未闻；不少说法，与父亲和老师灌输的一套，大相径庭。李嘉诚发现，世界原来是这么错综复杂，异彩纷呈。李嘉诚的思维不再单纯得如一张白纸，但因为父亲的训言刻骨铭心，他在纷纭变幻的世界中并没有迷失自我。

（三）新世纪的资本

李嘉诚说："我从不间断读新科技、新知识的书籍，不至因为不了解新讯息而和时代潮流脱节。"不过，课本上的知识给予李嘉诚的帮助是远远不够的。为了实现目标，他还经常学那些书本上没有的知识。

在商场这样一本错综复杂、尔虞我诈的"大书"里，李嘉诚学到了别人在书本上根本不能够学到的智慧，获得了无穷无尽的力量。可以说，知识就是成就他伟大事业的最有力的"资本"。

李嘉诚认为："从前经商，只要有些计谋，敏捷迅速，就可以成功；可现在的企业家，还必须要有相当丰富的知识资产，对于国内外的地理、风俗、人情、市场调查、会计统计等都非常熟悉不可。"

李嘉诚深刻认识到，知识不仅是自己成功的资本，更是一个国家一个民族强盛的资本。他这样说到："即使国家资源丰富，而人才缺乏，要建国图强，亦徒成虚愿。反之，资源匮乏的国家，若人才鼎盛，善于开源节流，则自可克服各种困难，而使国势蒸蒸日上。从历史看，资源贫乏的国家不一定衰弱，可为明证。"

为此，李嘉诚捐款创办汕头大学，为国家培养优秀人才，实现他报效祖国、造福桑梓的心愿，更是为中华民族积累新世纪的资本。

1986年，邓小平在北京人民大会堂接见了李嘉诚。

82岁高龄的邓小平对李嘉诚所作的贡献表示了感谢，又对李嘉诚的爱国精神表示了赞赏。李嘉诚也对邓小平谈了汕大的建设和发展情况。李嘉诚说："关于汕头大学的发展，是我最为关心的问题。""发展教育事业，对促进祖国科学技术水平提高，非常重要。我愿意为此竭尽绵力。""现在，有许多华侨和旅外人士都愿意为汕大的建设贡献力量，我只不过是个带头的。""希望汕大能得到国家领导人的更多更大的支持，把汕头大学办得更加开放些。"

对李嘉诚的意愿和要求，邓小平听得非常专注，还不时点头表示赞赏。邓小平说："汕大应该办得更加开放一些，办成国家的重点大学。"邓小平还对国家教育委员会主任李铁映强调："国家教委要关心和支持汕大。通过办好支持汕大这件事，来进一步提高中国的办事效率。"

邓小平接见李嘉诚的新闻，神州轰动，举世瞩目。

第二节　把握时机，变身"地王"

一、经典语录

不必再有丝毫犹豫，竞争即是搏命，更是斗智斗勇。倘若连这点勇气都没有，谈何在商场立足，超越置地?!

——李嘉诚

二、经典事迹

《史记》里有句话说的好："秦失其鹿，天下共逐之，高材捷足者先得之。"秦朝失去天下，这对天下英雄来说都是一个机会，但是什么样的人能够成功呢？"高材捷足者先得之"，跑得快的人先成功啊。

所以说，机会来了，你却因为害怕失败而裹足不前，就注定要成为输家。而把握时机、勇敢一搏的人，才是真正的英雄。李嘉诚正是敢于抓住机遇，才勇夺"地王"的称号。

(一) 抢占先机

1977 年之前，李嘉诚只是不太出名的普通成功商人。1977 年是他日后成为香港首富的分水岭，1977 年之后，李嘉诚成为了一个大名人。在拍卖场上，李嘉诚举手应价，被誉为"擎天一指"，在地产界举足轻重。

1977 年，究竟发生了什么事情？

原来，1977 年，李嘉诚参与了地铁中环站、金钟站上盖兴建权的竞投。

地铁工程，是当时香港开埠以来最浩大的公共工程。整个工程计划8年完成，需耗资约205亿港元。首期工程由九龙观塘，穿过海底隧道到达港岛中环，全长15.6公里，共15个站，耗资约56.5亿港元。

资金来源，主要是由港府提供担保获得银行的各类长期贷款、地铁公司通过证券市场售股集资以及地铁公司与地产公司联合发展车站上盖物业的利润充股。

香港地铁公司是一间直属港府的公办公司。香港的公办公司，并不像过去内地的国有企业，一切都由政府包揽包办。地铁公司除少许政府特许的专利和优惠外，它的资金筹集、设计施工、营运经营，都得按商场的通常法则进行。

中环站和金钟站，是地铁最重要、客流量最大的车站。中环站是地铁首段的终点，位于全港最繁华的银行区；金钟站是穿过海底隧道的首站，又是港岛东支线的中转站，附近有当时香港政府合署、最高法院、海军总部、警察总部、红十字总会、文物馆等著名建筑，与中环银行区近在咫尺。

有人说，中环、金钟两站，就像鸡的两只大腿，其上盖将可建成地铁全线盈利最丰厚的物业。李嘉诚通过各种渠道获悉，港府工务局对中区邮政总局原址地皮估价约2.443亿港元，原址用作中环、金钟两地铁车站上盖。另加上九龙湾车厂地皮估价，两者合计约六亿港元。

显然这是一块肥肉，香港各界均对此"垂涎三尺"。

李嘉诚何尝不为之心动。不过他更看重的还不是在地铁车站上盖发展的利润，而是长实的声誉。在人们眼里，长实只是一间在偏僻的市区和荒凉的乡村山地买地盖房的地产公司。在寸土寸金、摩天大厦林立的中区，长实无半砖片瓦！

李嘉诚涉足地产已经二十多年，盖了不少建筑，积累了不少经验，他觉得是到了改变形象——进军港岛中区的时候了。

其实，早在1976年下半年，香港地铁公司将招标车站上盖发展商的消息，就被新闻界炒得沸沸扬扬了。

1977年初，形势进一步明朗，地铁公司将于1月14日开始招标，地段是邮政总局原址。原址拆除后，兴建车站上盖物业。

李嘉诚深知，时不我待。只要有一线机会，李嘉诚都决心一战。抓住机遇，从来都是英雄本色。

（二）以小搏大

中环、金钟的两站的招标，不乏实力雄厚的大地产商、建筑商竞标。群雄逐鹿，鹿死谁手，必有一番你死我活的较量。

1977 年 1 月 14 日，香港地铁公司正式宣布：中环邮政总局旧址公开接受招标竞投，随即就收到三十多家财团以及地产公司的投标申请，超过以往招标竞投的一倍还多。其中，置地公司、长江实业、太古地产、金门建筑、日澳财团、辉百美公司、嘉年集团、霍英东集团、恒隆地产等都颇具实力。

长实竞投的把握有多大？若渺茫无望，不如不投。过去曾有多次政府拍卖中区官地的机遇。中区的地价高，日涨夜升，每平方英尺已突破一万港元，是世界地价最贵的地方。一块地，动辄要数亿至十多亿港币，非长实的财力所敢参与拍卖竞价。

不敢参与，并非不敢期望，李嘉诚梦寐以求打入中区。

当时呼声最高的的当属"地产皇帝"——置地公司。作为在中区拥有物业总数最多的老牌地产公司，置地公司拥有十多座摩天大厦，其中置地广场和康乐广场正位于未来中环地铁车站的两侧。置地公司可谓占尽先机。置地公司并未公开声称参与竞投，却表现得胸有成竹，甚至流露出志在必得的气势。其他竞投公司见了，都不禁有些忧虑，李嘉诚心里也不是特别有把握，但面对强劲的对手，他依然安慰下属说："现在的一切都是传言，最终花落谁家还没有定论，不管结局如何，我们都要继续努力，不到最后一刻决不轻言放弃。"

李嘉诚一贯渴望挑战，也乐意应战。梦想如潮声在他胸中激荡，他眼前仿佛看到两座商业大厦，从地铁车站拔地而起。

"不必再有丝毫犹豫，竞争既是搏命，更是斗智斗勇。倘若连这点勇气都没有，谈何在商场立脚，超越置地?!"

（三）知己知彼

李嘉诚与两个巨头比起来，实力还小得很，但也并非完全没有取胜的把握，取胜的唯一机会就是出其不意，快速制敌。所以，出手必须快、狠、准。李嘉诚决心已定，大步回到家中，坐进书房，翻阅带来的有关地铁的研究材料。

据追随李嘉诚多年的"老臣子"回忆，李嘉诚极少把工作带回家做，他总是在办公室处理工作，哪怕弄得很晚。李嘉诚在家，除了学英语、翻翻报纸杂志，就是陪太太和儿子。他尽可能放松自己，不思考工作上的事情，保证睡得安稳，以便第二天有充沛的精力去应付工作。如果发现他把文件资料带回了家，那一定是遇到非干不可的大事。

如今的地铁车站上盖投标，是他认定的非干不可的大事。

当时的形势是：港府将以估价的原价批予地铁公司，由地铁公司发展地产，弥补地铁兴建经费的不足。

地铁公司为购旧中区邮政总局原址地皮，曾与港府多次商谈。地铁公司的意向是：用部分现金，部分地铁股票支付购地款。而港府坚持要全部用现金支付。

李嘉诚在研究了竞争对手的优劣势和地铁公司的招标意图后，得出结论：要想在此次招标会上中标，必须以现金支付为先决条件。于是，他火速布局，并定下了三大条，力争回笼资金，准备打这场硬仗。

此时，其他几家大公司正剑拔弩张，闹得不可开交。尤其是置地和新鸿基，都是势在必得。李嘉诚却悄悄布局，只待投标之日一鸣惊人。

在投标书上，李嘉诚提出将两个地盘设计成一流商业综合大厦的发展计划。但他深知：这仍不足挫败其他竞投对手。任何竞投者都会想到并有能力兴建高级商厦物业。

因此，除此之外，李嘉诚还想出了两个克敌制胜的招数：首先，满足地铁公司急需现金的需求，由长江实业公司一方提供现金做建筑费；其次，商厦建成后全部出售，利益由地铁公司与长江实业分享，并打破对半开的惯例，地铁公司占51％，长江实业占49％。

这对长江来说，是一笔沉重的现金负担。但李嘉诚已经决定破釜沉舟，在准备充分的前提下，做一次冒险。

1976年冬，李嘉诚雷厉风行，通过长实发行新股，快速筹集资金1.1亿港元，紧接着大通银行应允长实随时取得2亿港元的贷款，再加上年盈利储备，李嘉诚可调动的现金约4亿港元。

1977年1月14日，香港地铁公司正式宣布：公开接受邮政总局原址发展权招标竞投。

各竞投公司频频与地铁公司接触，刺探地铁公司意图，准备投标书及附件，在限期内呈交上去。

舆论界凭其惯性，一致看好置地，置地优势昭然，中标呼声最高。

而结果却是令各界大跌眼镜。中标的公司不是置地，更不是新鸿基，而是李嘉诚的长江实业。

4月4日，香港地铁公司董事局主席唐信与长江实业集团董事长李嘉诚签订了地铁中环上盖发展物业协议。在当晚的新闻发布会上，唐信告诉记者："若干家公司均对与地铁公司合作甚感兴趣，因而竞争很激烈。所有建议均经详细研究，结果为长实所获得，是因为其建议对本公司最具吸引力。"

正因为抓住了这次机遇，李嘉诚不但以弱胜强，一举击败了置地等30多家强势的竞争对手，而且在商业界获得了极大的声誉，被各方评为"地王"，这也为他日后取得银行的信任、参与其他大型项目合作创造了良好的契机。

第三节　多元化中力求变

一、经典语录

> 精明的商人只有嗅觉敏锐，才能将商业情报作用发挥到极致。那种感觉迟钝、闭门自锁的公司老板常常会无所作为。
>
> ——李嘉诚

二、经典事迹

面对多元化的世界，李嘉诚一再强调："变革是永恒的，作为企业领导人，我们的工作不是要准确地为你的员工预测，而是带领我们的团队让每一次变革成为机遇。"

如今，社会瞬息万变，世界也变得越来越多元化，李嘉诚能够在越来越多样化的形势中站立，与他不断创新求变是分不开的。

（一）合作求变

1978年，汇丰银行想邀李嘉诚重建位于中区黄金地段的华人行。

这又是一笔令人羡慕的肥得流油的生意。一是华人行面积很大，地段优越；二是能和汇丰合作，就等于有了资金保证。还有比这更好的生意吗？李嘉诚暗自盘算：机不可失，时不再来！这单生意无论如何都要做。

　　说起汇丰，香港无人不晓，港人所用的港币几乎全是汇丰银行发行的。汇丰的中文全称是"香港上海汇丰银行"，创设于 1864 年，由英国、美国、德国、丹麦和犹太人的洋行共同出资组建，后因意见不合，各国股东相继退出，遂演变成为一家英资银行。现为一家公众持股、在港注册的上市公司。当时的汇丰集团董事局常务副主席为沈弼。李嘉诚寻求与汇丰合作发展华人行大厦，正是与沈弼接洽的，两人还由此建立友谊。

　　"高高在上"的汇丰大班沈弼之所以关注起地产"新人"李嘉诚，正是因为长实中标获取中区地铁车站上盖发展权。沈弼仔细研究了李嘉诚合作的意向材料，很快拍板确定长实为合作伙伴——此时，与李嘉诚中标地铁上盖相距不到一个月。

　　汇丰是香港第一大银行，其资产总值达 21000 亿港元，跻身全球十大银行之列。此外，汇丰还在香港充当了准中央银行的角色，拥有港府特许的发钞权（另一所获此特权的是英资渣打银行）。香港经济界的人常说："谁结识了汇丰大班，就高攀了财神爷。"

　　一个多世纪以来，经汇丰扶植而成殷商巨富的人不计其数。20 年纪 60 年代起，刚入航运界不久的包玉刚，靠汇丰银行提供的无限额贷款，而成为著称于世的一代船王；现在，李嘉诚取得汇丰银行的信任，建立了合作关系，未来极有可能在汇丰的鼎力资助下，成为香港地王。

　　这样一个财神爷成了李嘉诚的合作伙伴，1978 年，李嘉诚的事业再攀高峰，与汇丰银行联手合作，重建了位于中区黄金地段的华人行。

　　华人行始建于 1924 年。因年代久远，建筑已十分陈旧；更因为华人行位于高楼林立的中环银行区，原来的华人行大楼已日益变成"小矮人"。1974 年，汇丰银行购得华人行产权。1976 年，汇丰开始拆卸旧华人行，清出地盘，用于发展新的出租物业。在地产高潮时，位于黄金地段的物业，寸楼寸金。加之华人行在华人中的巨大声誉，华资地产商没有不想参与合作、分一杯羹的。但最终如愿以偿的却是超人李嘉诚。

　　长实与汇丰合组成立了华豪有限公司，以最快的速度重建华人行综合商业大厦，大厦面积 24 万平方英尺，楼高 22 层。外墙用不锈钢和随天气变换深浅颜色的玻璃建成。室内气温、湿度、灯光，以及防火设施等，全由电脑控制。内装修豪华典雅，集民族风格与现代气息于一体。整个工程耗资 2.5 亿港元，写字楼与商业铺位全部租了出去。

　　1978 年 4 月 25 日，华豪公司举行隆重的华人行正式启用典礼，汇丰银行大班沈弼出席典礼，剪彩并发表讲话："旧华人行拆卸后仅两年多一点时间便兴建新的华人行大厦。这样的建筑速度及效率不仅在香港，在世界也堪称典范。"

先于正式启用日期的 3 月 23 日，长江集团总部迁入皇后大道中 29 号新华人行大厦。长江正式立足大银行、大公司林立的中环，地位更上一层楼。

（二）兼并求变

取得地铁黄金站点发展权后不久，李嘉诚又动用 1.3 亿现金陆续收购了美资永高公司的股票，先后收购 1048 万股，最终拥有永高公司。

永高公司的主要产业是位于香港中区的希尔顿大酒店和印尼巴厘岛凯悦酒店的经营权，这两家酒店都是高星级的一流宾馆。

原来，李嘉诚经过仔细分析，预感到香港的旅游业很快将成为热门，到时候，一流的宾馆势必会吸引更多的游客入住，收入当然也不会差。

果然，在李嘉诚正式接收两家酒店后，香港就迎来了黄金旅游时代，每年，长实从两家酒店得到的收入至少 2500 万港元。李嘉诚成功收购永高公司不仅开创了华资吞并"外资"公司的先例，也为下一步与英资集团竞争创造了良好条件。

这一时期，李嘉诚以知识经济及跨国经营策略的眼光去管理企业，他的企业获得了较大的发展，而管理思想方面，更趋成熟和完善。

当前全球的经济结构和产业结构都在发生急剧和深刻的变化，各行各业都面临新的挑战，这要求企业在发展战略、竞争手段、企业规模、内部管理制度等方面都应该进行大的调整，没有效率的企业，最终将被淘汰。针对这种趋势，李嘉诚指出，在将来不久的一段时间内，企业收购和兼并将是大势所趋。

统计表明，1955 年在美国《幸福》杂志排名的 500 家公司中，当时已有 70%被淘汰，1979 年排名的五百家公司中，已有 40%被淘汰。然而近来出现的新一轮国际兼并浪潮则与以往不同，并非简单的产业结构调整和优胜劣汰，而是为适应在世界呈多极化发展的形势下抢占市场、争霸行业、占有高新技术等多种需要。这方面，美国的波音和麦道两家飞机制造公司的合并就是一个明显的例证。

李嘉诚指出，企业跨国兼并、走国际化道路，是当今世界经济发展趋势中的一大突出特点。对企业来说，国际化经营势在必行，企业跨国兼并也就成了打破贸易壁垒、抢占他国市场和提高国际竞争力的一个重要战略手段。

李嘉诚的一席话，对于内地来说，不无启示作用。在内地当前亏损企业面仍然较大，企业效益低下、产业结构不合理现象大量存在的状况下，抓住优势企业与劣势企业差距拉大的有利时机，通过企业兼并可使资产从经济效益低的企业流向效益高的企业。

通过资产集中形成适度经营效益，通过产业间的资金流动达到优化产业结构，是解决亏损企业问题和改变不合理资源配置状况的有效方式，有利于增强企业的经济实力和竞争力，有利于扩大市场份额和利润率。

（三）扩张求变

2007 年 8 月次贷危机席卷美国，并迅速波及全世界。世界各国股市大跌，经济一片低迷。

2010 年经济回升，李嘉诚立即以前所未有的速度开始了抄底。

2010 年 10 月，李嘉诚旗下上市公司长江基建，开始竞购英国唯一的高速铁路线经营权，该交易金额预计将高达 15 亿到 20 亿英镑。

香港凯基金融亚洲公司董事、投资银行部主管梁健昌评论道："李嘉诚向来坚持'现金为王'的谨慎投资策略，在每一轮金融危机前后的收放节奏拿捏都非常准确，每一轮业务扩张都给长和系带来新的业务看点，从零售、电信到能源。"

欲竞购英国高速铁路线经营权，李嘉诚显然想主攻英国公共事业领域，他一定是看好该领域垄断性经营的稳定收益。

长江基建欲收购英国的一号高速铁路线，归属于英国伦敦大陆铁路公司。该高铁线路总投资 57 亿英镑，于 2007 年建成，全长 108 公里，连接伦敦和英法海底隧道，是英国目前唯一的高速铁路。

2009 年，伦敦大陆铁路公司因财政困难，将该高铁线使用权移交给政府。但一号高铁 2010 年全年的预计收入仅为 2.63 亿英镑，短期内无法回收投资成本，英国政府已宣布出售该线路 30 年的经营权，希望收回 20 亿英镑。

8 月 18 日，一号高速铁路的 30 年经营权招标首轮投标已经结束。参与竞标的除了长江基建，还有另外三个竞购团：以高盛、欧洲隧道集团和英国保诚集团等五个以上公司组成的财团；由摩根士丹利、私募投资基金资本和阿布扎比投资局组成的财团；另外，还有由两只加拿大退休基金组成的竞购团。

参与竞购的长江基建,由李嘉诚旗下和记黄埔持有85%股份。之前,长和系旗下长江实业与和记黄埔双双取得理想业绩,分别获得119亿港元和64.5亿港元的盈利,分别增长4%和增长12%。

其实,在2008年初金融危机爆发前,李嘉诚便已开始收缩投资和回收资金,以至收购高铁之日,其手头现金非常充裕。李嘉诚选择2010年出手扩张,应是看到了全球经济已经探底企稳。

2008年初,李嘉诚曾多次预言经济形势不容乐观,并开始在中国大陆陆续套现投资性股票,甩卖楼房,回收资金约200亿元。

2008年10月开始,李嘉诚叫停所有长和系正在考察洽谈的投资项目,冻结所有未落实的投资开支,并检讨和清理全部当时现有的投资项目,这个策略一直延续到2009年下半年。

花旗银行当年的报告显示,金融危机爆发后,李嘉诚采取异常保守的理财手法,持有的221亿美元(约1724亿港元)资金中,有多达69%即接近1190亿港元是现金,其余部分,也主要投资于最稳健的政府债券上。

2010年上半年以来,李嘉诚先后多次出手收购英国公用事业资产。收购高铁的之前半月,李嘉诚刚完成对英国电网高达57.75亿英镑(近700亿港元)的资产收购。当时,长和系副主席、李嘉诚长子李泽钜也曾表示,长江基建还有四五个投资项目正在积极研究中。

从投资角度来看,李嘉诚下注发电、电网和高速铁路业务,是看好公共事业领域经营风险较低、收入稳定的优点,依然延续李氏"稳健中不忘发展,发展中不忘稳健"的投资理念。

第四节   创新才有奇迹

一、经典语录

身处在瞬息万变的社会中,应该求创新,加强能力,居安思危,无论你发展得多好,时刻都要做好准备。

——李嘉诚

二、经典事迹

李嘉诚比任何人都看中创新，他说："商业不是严肃的、枯燥的、毫无乐趣的事，商业是一场游戏，是每天我们都想打赢的一场游戏。有人要在游戏中打败你，有人要把你的饭碗抢走——这就是我们为什么每天都要创新求变的原因。"

（一）另辟蹊径

1972年，长江实业上市时，李嘉诚提出赶超置地的远大目标。当时不少人持怀疑态度，单以地盘物业比，拥有35万平方英尺的长实，如何比得上拥有千余万平方英尺的地王置地？

然而，出人意料的是，1979年，长实拥有的地盘物业，急速增加到1450万平方英尺，而同期香港民间第一大地主置地，拥有的地盘物业面积才1300万平方英尺。不到十年时间就实现了赶超置地的目标，长实职员欢喜异常。

李嘉诚由衷欣慰，但他清楚地意识到离置地仍有较大差距。置地是中区地产大王，地盘物业皆在寸土尺金的黄金地段。而长实在黄金地段的物业寥寥无几，大部分在寸土寸金或尺土寸金的地段。两者物值相去甚远。

因此，长实虽然在地盘物业面积上超过了置地，但物值却远逊于置地。

而李嘉诚要的不仅是面积上超过置地，更希望有一天能在物值上也超过置地。此时，李嘉诚创新求变的哲学发挥了作用，他没有一条道走到黑，而是另辟蹊径，实施建筑大型屋村的计划。

大型屋村的优点，就是综合功能强，集居住、购物、餐饮、消遣、医疗、保健、教育、交通为一体，便于集中管理，统一规划。一个大型屋村，往往由政府与多个地产商共同开发，屋村之外，还有相配套的工业大厦及社区服务物业。

李嘉诚以开发大型屋村而蜚声香港，20世纪80年代，长江先后完成或进行开发的大型屋村有：黄埔花园、海怡半岛、丽港城、嘉湖山庄，李嘉诚由此赢得"屋村大王"的称号。

李嘉诚并不急于在中区发展，他更看好港岛中区和九龙尖沙咀以外区域的发展前景。

原来，1978年，港府开始推行"居者有其屋"计划，采取半官方的房委会与私营房地产商建房两条腿走路的方针。建成的楼房分公共住宅楼宇与商业住宅楼宇两种，前者为公建，后者为私建；公房廉价出租或售予低收入者，私房的对象以中高消费家庭为主。

李嘉诚的大型屋村计划，就是为这类大众消费家庭推出的。

在港岛北岸的中区、东区、西区，每年都有高层住宅楼宇拔地而起，那是祖传地盘物业的业主和地产商收购旧楼拆卸重建的，地盘七零八落，很难形成屋村的规模。屋村只有到港岛南岸、东西两角、九龙新界去发展，这里相继形成十多个卫星市镇。

1986年，《信报》首次刊出香港十大财阀榜，长实名列榜首，彻底实现赶超置地的宏愿。

（二）新概念赢利

除了传统产业，早在20世纪80年代，李嘉诚就认识到了科技的力量，并悄然着手在欧洲、美洲、亚洲乃至非洲构建自己的"通信产业王国"。1989年，他开始在英国投资电讯业，几年来，虽赢利不佳，但这为他后来卖"橙"埋下了伏笔。

1996年，李嘉诚重组在英投资，组建了Orange（橙）公司在英国上市，他的总投资是84亿港元。

1999年10月份，香港最轰动的财经新闻，要数李嘉诚和记黄埔集团成功出售英国电讯公司Orange（橙）的44.8％的股权，此举不仅使和黄获得1130亿港元的巨额收益，同时也成为市值7000亿港元的德国最大流动电话公司曼内斯曼的股东；和黄拥有的客户由原来的350万增至3500多万，并取得了德国和意大利的电讯市场。

和黄财务顾问高盛指出，此交易为全球有史以来的第22大合并收购；香港舆论则称其为香港公司前所未有的国际并购交易；世界评论则称，此笔交易中，李嘉诚是零成本，而回报是1100多亿元的现金和大量的股权！

这笔交易轰动全球，也改变了李嘉诚"地产大王"的形象。

然而，李嘉诚千亿卖"橙"的故事，很快就被二儿子李泽楷创下的300天身家爆增近千亿而取代了。

1999年4月，连续出现亏损的香港上市公司得信佳股价跌至每股0.04元左右。月底，关于该股的传闻不断，股价也开始出现异动。短短的几天，

股价就摸到了 0.10 元，涨幅超过 100%。根据规定，得信佳停牌。几天后的
5 月 3 日，谜底揭开了："小超人"李泽楷旗下的盈科拓展集团将借得信佳的
壳上市！

根据协议，得信佳以每股 0.062 元的价格向盈科拓展集团发行 57.59 亿
股新股，这笔钱将用来收购集团承建的香港数码港项目。而得信佳则将在被
收购后，更名为盈科数码动力。

数码港在香港人心目中举足轻重，它就是未来香港的硅谷。5 月 4 日，
得信佳复牌。当天股价最高冲上 3.225 港元，收于 1.83 港元，最大涨幅超
过 22 倍！5 月 5 日，公司被迫发布公告，提醒投资者注意风险，因为当时该
股每股净值只有 0.07 元。

8 月 3 日，盈科集团与英特尔公司宣布达成三项协议：英特尔向盈科数
码投资 5000 万美元，获得 13% 的股权；将英特尔与盈科集团的一家合资高
科技企业注入盈科数码动力；英特尔为盈科数码提供技术支持。

此后，盈科数码动力全面出击。先是买下互联网公司 Outblaze20% 的股
权，然后又与美国网络业巨子 CMGI 换股，收购新加坡互联网公司 25% 的
股权。到了 11 月，又投资 2.8 亿元买入香港城市电信 8% 的股权，收购美国
宽频公司 Softnet。到了次年 2 月下旬，又传出盈科数码动力收购香港电讯的
爆炸性消息。

在这一连串消息的刺激下，盈科数码动力的股价一路上扬。虽然公司
1999 年中期仍然亏损 3970 万元，次年可能还将亏损，但投资者毫不在乎。
到了 2 月底，股价一度上摸 28 元。而公司的总市值，也一举超过老牌的金
融股恒生银行，排在第 7 位。李泽楷的身家，也在一年中暴涨千亿，列入香
港前 4 名。

第四章　他这样经营赚钱

　　李嘉诚并非出身经商世家，但他的经营观念和商业谋略，却和他的财富一样，令人叹为观止。

　　李嘉诚在商战中擅长统揽全局，以大局为重，又能审时度势，抓住无限商机；他能巧妙策划，善借"东风"，又能让伙伴获得回报，实现共赢，获得好评如潮。不得不说，他的经营策略确实高明，也确实值得每一个想要成为富豪的人学习。

第一节　搞点新花样

一、经典语录

第一个吃螃蟹的人永远吃得最香。

——李嘉诚

二、经典事迹

经商不能按照教科书去做，必须灵活变通，想新意、出新招、玩新花样，这样才能盘活自己的企业。因此有人说，商人的脑子最值钱，一切的出奇制胜都依赖于它。

李嘉诚的智慧之处就是不断地以"出新招"、"搞新花样"去要求自己，不守死法，求灵求活，求变求通，以最有效的方式去做生意，因为他明白"第一个吃螃蟹的人永远吃得最香"。

（一）李氏推销新招

把采取变通手段达到预定目的，作为一条赚钱和处世的准则，这在李嘉诚身上得到充分的发挥。观察他做推销员时的推陈出新，就可略见一斑。

李嘉诚善于挑战新事物，因此在茶楼做了一段时间伙计后，他选择了到五金厂去做推销员，当时他主要负责镀锌铁桶的推销。

当时，这一行当推销的重点都集中在卖日杂货的店铺。17岁的李嘉诚感到千军万马过独木桥的竞争十分激烈。于是，他推陈出新、避实就虚，采取直销的方法进攻。

他首先分析，酒楼旅店是购买大户，于是就集中精力对这些堡垒攻坚。

当时，推销员到酒楼旅店推销，虽然长远来看是赚钱的，但是这样做，一来直销价格比酒楼旅店到市场去买要便宜，二来送货上门浪费时间和精力，所以当时到酒楼旅店推销的人并不多。因此，李嘉诚这一招轻而易举获得了成功。李嘉诚曾经打入一家旅店，一次就销出一百多支铁桶，销售业绩十分惊人。

此外，李嘉诚对家庭散户又做了研究。他发现，当时高级住宅区的家庭大多使用铝桶。显然，这些高级住宅区不能成为自己的发展目标，他将目标客户定位在那些中下层的居民区里面。

但即便是中下层居民区，一户家庭，通常也只使用一两只铁桶，潜力远非酒楼旅店可比。不过，家庭散户又有一个酒楼旅店所不能比拟的优势，那就是集腋成裘的庞大数量。

如何占领这一份散而又不可忽视的庞大市场呢？一家一家地登门推销，时间和精力都较为消耗，也很难达到预期的销售成绩，李嘉诚一时一筹莫展，陷入苦苦思索之中。

但在没有找到好办法之前，李嘉诚还是采取了"扫楼"的方式，一家家地推销，虽说也卖出了一些，但是根本不能和杂货店或者酒楼旅馆销售的数量相比。

一天，李嘉诚看见几个老太太围坐在居民区的楼下摘菜聊天，茅塞顿开，想到了新招。

于是，李嘉诚专找老太太去卖桶。李嘉诚心里这样盘算，只要卖出了一只，就等于卖掉了一批。

原来老太太都不上班，闲居在家，喜欢串门，只要把铁桶卖给她们之中的一个，她觉得合适，自然会转告别的老太太，这些人自然而然就成了他的义务推销员。这样一传十，十传百地带来络绎不绝的生意，虽然每家不过一两只，但积少成多，销售量也相当可观，同时也省去了自己挨家挨户费尽口舌介绍的繁琐。

李嘉诚的这个新招果然大获成功。他只要在一个居民区卖出了一只镀锌铁桶，当天或者隔天就会卖出更多。有些人甚至帮他到相邻的居民区义务推销给相熟的亲朋好友。

这样良好的连锁反应，甚至超出了李嘉诚自己原先的预期。李嘉诚很快就成为五金厂销量最高、客户满意度最佳的一位推销员。

李嘉诚就是这样一个善于想新招出奇制胜的人，他在塑胶厂推销塑胶洒水器的事也说明了这一点。

在塑胶厂当推销员的时候，李嘉诚有一次推销新型产品——塑胶洒水器，走了几家都无人问津。一上午过去了，一点收获都没有，如果下午还是毫无进展，回去将无法向老板交待。

尽管李嘉诚推销得不顺利，他还是不停地给自己打气，精神抖擞地走进了另一栋办公楼。他看到楼道上的灰尘很多，突然灵机一动，没有直接去推销产品，而是去洗手间，往洒水器里装了一些水，趁着有人经过的时候，将水洒在楼道里。

十分神奇，经他这样一洒，原来很脏的楼道，一下变得干净起来。这一来，立即引起了主管办公楼的有关人士的兴趣，一下午，他就卖掉了十多台洒水器。

许多推销员在进行推销的时候总是喋喋不休地介绍他的产品如何的好，并且采取各种方法自卖自夸。但李嘉诚的这次推销术却与之有天壤之别，因为他是让产品自己来说话。

李嘉诚明白，单靠口头宣传，即使说得再动听，如果产品不行，也只能是一次性买卖。而靠产品本身说话，即使笨嘴拙舌，也会赢得客户的信赖，何况推销员总是具有一定口才的。

李嘉诚这次推销为什么成功了呢？原因在于把握了一个推销的诀窍：要让客户动心，就必须掌握他们如何受到影响的规律：

"听别人说好，不如看到怎样好，看到怎样好，不如使用起来如何好。"

老讲自己的产品好，哪能比得上亲自示范、让大家看到使用后的效果呢？

李氏的独门推销，到底棋高一筹，关键是他总能在平凡的推销中出奇制胜，想出与众不同的新招，这也让他没有淹没在众多的推销员中，而是从中脱颖而出。

（二）亮新招，做新花

当一个行业在某一地区流行时，跟风者会蜂拥而至。所以，找到一个新行业后，要尽快占领市场，同时要不断地亮出新招，不然，会形成千军万马过独木桥的场面，甚至会有被挤下去的危险。

为了塑胶厂的发展，李嘉诚到意大利"偷学"技术，从意大利回到香港后，李嘉诚就开始使用新招了。

他回到塑胶厂后，把各个部门的负责人和厂里的技术骨干都叫到了自己的办公室，然后把他从意大利带回来的塑胶花样品给大家参观。看到这些多姿多彩、风格迥异的塑胶花，众人异常激动和兴奋，眼中充满了美好的憧憬。

李嘉诚很快就采取了行动。他知道，要设计和开发新产品，一定需要专门的技术人才。李嘉诚四处寻找，用高薪聘请了一些专业人才。然后，他把带回来的塑胶花样品交给他们,要求他们以香港和国际大众的口味为主导,尽快研发出新产品。

李嘉诚招聘来的塑胶花设计师们没有让他失望,他们从调色配方、部件组合和款式品种三个方面出发,一改意大利风格的塑胶花特色,终于开发出了新产品。

一个月后,新样品出来了。李嘉诚又开始做起了推销员,他带着自己的产品样品,走访了香港各处的经销商,把样品一一摆在经销商面前,经销商们无不为该厂生产的塑胶花感到惊讶。

他们不相信李嘉诚破旧的厂房、落后的设备能生产出如此精美的塑胶花,甚至怀疑这些产品是李嘉诚从意大利进口的。但他们的这种猜疑很快被李嘉诚消解了,因为,李嘉诚带来的样品,从各个方面来看,都与意大利塑胶花有着很大的区别。这的确是李嘉诚自己搞出来的"新花样"。

李嘉诚物美价廉的塑胶花,凭着样式新颖,很快成为畅销产品,各处的经销商纷纷前来订购,长江塑胶厂的生意异常兴旺。不久,塑胶花风靡东南亚。那时的香港与东南亚完全被淹没在塑胶花的世界,大街小巷,寻常百姓家,公司写字楼,汽车驾驶室等各个地方,无不摆设着精美夺目的塑胶花。

李嘉诚一出新招,便给自己的塑胶厂带来了丰厚的利润。这与他的果敢决策是分不开的。无论是从产品投入市场的速度还是从价格的定位上来看,都能说明李嘉诚过人的经营智慧。

有时候,一个新招的作用举足轻重,如果运用得当,它甚至能够让一个企业起死回生。李嘉诚对市场有敏锐的洞察力,对市场状况又进行了全面的分析,最终以迅雷不及掩耳之势运用了新招,在香港掀起了一股塑胶花热潮,长江塑胶厂的员工们无不拍手称快,看到了塑胶厂的光明前途。

第二节　审时度势,商机无限

一、经典语录

审时度势,是事业成功的重要因素,准确而有远见的预测往往决定一个人的成败。

——李嘉诚

二、经典事迹

审时度势，可以说是那些商业巨子们共同的特征。由于具有审时度势的能力，企业总是能够赶在时代的前面，带动市场获得巨大的经济效益。

李嘉诚就是这样一个人，他认为，无论什么时候，都要审时度势：进入某一领域或行业时，要比别人快半拍，"总拣别人走不到的地方"去；在一个行业经营时，也要比别人早看到危机，及早抽身。要是看到别人去哪里你也去哪里，你就永远不会超前于别人；要是不能洞悉危机，就只能陷进去，无法自拔。

（一）看准时机，自己做老板

具备做老板的资质和能力，并不意味着你就是成功的老板，还要审时度势，才能脱颖而出。李嘉诚的独立创业，正是基于他对时势的准确判断。

1950 年夏，22 岁的李嘉诚创立了长江塑胶厂。这时，正是中华人民共和国成立之初。

20 世纪 40 年代后期，由于内地人口的大量涌入，香港人口呈回升状态，由 20 世纪 40 年代日本占领时期的 60 万左右的人口激增至 1950 年的约 200 万人。

这批内地人的涌入，给香港带来大量劳动力的同时，也给香港带来了技术和大量的资金，使得香港本地市场的容量扩大了很多。

此外，外国在华利益受到毁灭性打击，设在上海、天津、广州等大城市的外国洋行及工厂，纷纷撤到香港。李嘉诚看到，这在客观上填补了 20 世纪 30 年代初世界经济危机以及日本占领时期给香港带来的创伤。

香港经济发展获得了资金和人才等有利条件。加以有大量的廉价劳动力，香港经济获得了喘息以及重新振兴的机会，李嘉诚看出，这一切都显示出香港经济即将起飞的迹象。

当时的香港谣言四起，人心惶惶。但是，李嘉诚看好香港的经济前景，他坚信，现在是创立自己事业的最佳时机，如果不抓住这个千载难逢的机遇，则悔之晚矣。

李嘉诚投身塑胶行业，正是顺应了香港经济的发展趋势，顺应了香港经济的转轨。塑胶业当时在世界上属于新兴产业，发展前景十分广阔。塑胶制品加工投资少，见效快，适宜小业主经营。原料从欧美日进口，市场由以本地为主迅速扩展到海外。

李嘉诚非常看好香港的发展前景，他对自己的判断力毫不怀疑，认为当时是创业的最好时机。李嘉诚毅然辞去了工作，走上了创业之路，创建了长江塑胶厂，自己做起了老板。

李嘉诚对推销轻车熟路，第一批产品很顺利就卖了出去。接下来第二批，第三批，第四批……渐渐地塑胶产品供不应求。李嘉诚手里捏着一把订单，他大量招聘工人，扩大工厂规模。

自此，李嘉诚一发而不可收，开始大量生产塑胶花，赚下数千万港元，顺应了时势发展的长江塑胶厂可谓蒸蒸日上，一跃成为世界规模最大的塑胶花生产工厂，李嘉诚赢得"塑胶花大王"的美称。

对商人来说，审时度势、看准商机，趁早下手，走在别人前面就是找到了财富。李嘉诚能看透时势，洞悉行业的兴衰定律，因而能在塑胶市场这个广阔的天空里自由翱翔。

（二）形势不对，退出塑胶行业

当李嘉诚的塑胶花更上一层楼时，香港塑胶厂如雨后春笋一般，一时间蔚然成风。此时的塑胶花与"物以稀为贵"时的塑胶花形成了鲜明的对比。

虽然塑胶花还像刚盛行的时候那样漂亮，但是它的大量涌现，已经让人们对其失去了兴趣。李嘉诚有着一定的英语功底，有阅读外国杂志的习惯，他从国外杂志中了解到，在一些国家和地区，一些家庭已经把塑胶花当作垃圾丢掉，塑胶花的需求量持续减少，导致市场上出现了产品积压的情况。

"任何一种行业，如有一窝蜂的趋势，过度发展，就会造成摧残。"李嘉诚深知物极必反的规律，在经营塑胶花之前，他就能够高瞻远瞩，认识到塑胶花行业不会一直兴盛，他认为如果始终坚持以其为主打产品，一定会让公司走向破产。

这段时间，香港也出现了几次塑胶花产品积压现象，这与香港塑胶厂猛增导致的生产泛滥和欧美塑胶花市场的萎缩有着直接关系。

虽然长江塑胶公司没有因为市场上塑胶厂的频繁增加和产品过剩受到影响，但李嘉诚预感到世界市场的变化，他知道自己不能挽回塑胶花的衰败趋势，于是，当机立断，放弃当时还盈利颇丰的塑胶花业，无声无息地从这个使他出名的产业中撤出。

时间证明了他的选择是正确的。1960 年，香港塑胶厂发展到近 600 家；到 1968 年，塑胶厂数量在 1960 年的基础翻了两番，竟达到 1900 家；到 1972 年，则增至近 3500 家。那些步其后尘的厂家，因为贪恋塑胶行业的利润，未能抽身而出，结果纷纷遭殃，一败涂地。

（三）顺应时势，弃塑胶进地产

李嘉诚是个非常聪明的人，虽然塑胶花行业正蒸蒸日上，但是他已经觉察到了这个领域隐藏着盛极而衰的危机。逐渐从长江塑胶厂隐退的同时，李嘉诚开始了新的探索，他在思索着一个新的创业方向，并且开始四处寻找商机了。他相信，机会只属于敢于去寻找、发现它的人。

在找寻的过程中，李嘉诚发现了一个在当时异常明显的现象，香港的人口仍在不断激增，由 1950 年的近 200 万人激增至 20 世纪 50 年代末的近 300 万人。人口的增加，最紧要的问题便是住房。另外，随着香港经济的发展，写字楼、厂房、商铺的需求量也不断加大。

李嘉诚发现了这个绝妙的创业机会，他坚信，在香港经营房地产定会有很大的发展潜力，前景一定非常广阔。

李嘉诚和夫人经过反复商讨之后，果断地决定转向房地产业。幸运的是，这时，恰好有一个经销塑胶产品的美国财团，为了充分地得到货源，愿意以 300 万港元的高价买下长江塑胶厂。

李嘉诚在心里盘算，他的厂子最多也就值 100 万港元，而这人却愿意以 300 万港元买下，就是再经营三五年，也不一定能赚到 200 万港元，所以他决定把塑胶厂卖掉，用这笔资本开始买进房地产。

1958 年，李嘉诚在香港北角购买土地兴建了一座 12 层高的工业大厦，开始插足地产界，兼营房地产。1960 年，李嘉诚在柴湾购地兴建了两座工业大厦。这两座大厦的面积共 12 万平方米。

这两栋大厦的兴建标志着李嘉诚正式向地产业进军，此后地产界又多了一位巨子。洞察先机的李嘉诚，统率"长江"先人一步跨入地产界，并成为其中最积极的一支劲旅。

而在香港经济迅速发展的 50 年代末至 60 年代初期，香港的港岛和新九龙中心地段地价猛升，李嘉诚大赚了一笔。

李嘉诚审时度势的能力的确高超，他敢于急流勇退，尽管当时从塑胶行业中还能获利，但是他没有紧追不放。"人无远虑，必有近忧"，李嘉诚正是考虑到了这一点，尽管他不忍心放弃自己一手创办起来的塑胶产业，但大势如此，唯有顺应时势，才能立于不败之地。

第三节　关键时刻，大局为重

一、经典语录

> 我绝对不孤寒，尤其对公司、社会贡献方面和"作为中国人应做的事"上，绝不会吝啬金钱。

——李嘉诚

二、经典事迹

一个不懂得顾全大局，只顾自己蝇头小利的商人，生意一定做不长远，而只有关键时刻顾及大局，甚至是舍小家，顾大家的人，才会赢得别人的尊重，赢得信誉和口碑，李嘉诚就是这样的一个人。

（一）舍小己，顾大局

1977 年 6 月，李嘉诚继地铁中标后，又购入大坑虎豹别墅的部分地皮，总计有 15 万平方英尺。

与其说虎豹别墅是一座私人花园住宅，倒不如说是一个规模宏伟、饶有特色的公园。这里有巍峨屹立的白塔，红墙碧瓦的亭台楼阁，雕梁画栋，波光潋滟的游泳池，崖壁上布满了动物雕塑，还有各种传说中的人物泥塑及山洞、假山、展览馆等，集参观、游乐、购物、休闲为一体。

凡是去过虎豹别墅的人，无不称赞它的美丽多姿、富丽堂皇。正是因为这些，在香港它成为了一处较为著名的旅游胜地。

李嘉诚购得此地皮后，在上面兴建了一座大厦。游客们多有非议，纷纷指责大厦与整个别墅风格不统一，破坏了整个布局的统一和美观，原有的人文景观都受到了影响。

李嘉诚得知此事后，没有以自己的利益为重，而是从大局出发，把众人的利益摆在了第一位，立即下令停止在那块地皮上继续大兴土木，尽量保留别墅花园原貌。

李嘉诚意识到修建大厦虽然可以赚钱，但可能会危害到公众的利益，为了公众的利益，李嘉诚果断地选择了放弃。

其实，从另一个方面来说，李嘉诚也是顾全了自己事业的大局。倘若不顾大局、不顾公众舆论，一意孤行，虽然不违法，不会有金钱上的损失，但会损害自己树立在别人心中的形象，降低自己的信誉，这样以后再想在别人的支持下做生意就难了。对于事业的长远发展这个大局来说，这真的是一个明智的选择。

失去公众，就等于失去顾客；失去顾客，就等于自绝财路，违背了大局观念，就等于违背了最高的商业法规。李嘉诚明白这个道理，所以急流勇退，顾全了大局，也保全了自己在公众心中的良好信誉和口碑。

（二）修改方案，给大局让路

20 世纪 90 年代中期，长实最大的投资可说是北京的东方广场，但是这个工程却足足拖延了 18 个月，在长实改变方案后，才有再度动工的迹象。

王府井大街是北京的招牌，号称"中国第一街"。王府井旧城改造计划牵动着无数人的心。按照李嘉诚的原有构想，要在王府井商业街的顶头，在毗邻长安街的地方建一个高达 70 米的东方广场，在广场的顶端不仅可以俯视昔日皇宫的一砖一瓦，稍远处的中南海全景也可尽收眼底。

李嘉诚最初向北京政府提出这项投资时，很多官员都表示赞成，因为广场的兴建对北京的长远发展有利。原以为一切都可照计划进行，谁知却遇上了波折。

根据《北京城市规划》中的规定，东方广场的建筑高度和建筑面积都超标了。加上东方广场作为过亿美元的项目，在动工前并没有以市政府的名义向国家计委提供可行性报告，申请立项，因此，东方广场被认为严重超过了国家对城市规划的有关规定，于 1995 年新年刚过，就被强令停工了。

李嘉诚明白，自己的计划方案已经与国家的政策法规发生了冲突，在大是大非的原则性问题上，个人利益必须服从于大局的需要。所以在这种情况下，改变方案，给大局让路才是明智的选择。

所以，长实集团发表声明，表示愿意服从中央的决定。

直到 1996 年 6 月，形势终于有了转机，东方广场项目由国家计委报国务院批准，总算可以开工了。到 1999 年国庆 50 周年前夕，东方广场终于全面竣工。

（三）首选香港，顾及"大家"的利益

关键时刻，以"大家"的利益为重的商人，是一个有道义的商人。在华人财富巨人中，李嘉诚在这方面做得极为突出。他时时关心"大家"，资助"大家"，把自己对社会的关爱用另外一种形式表达出来。尤其是他在带头复苏香港经济方面，更是从大局考虑，值得称赞。

自亚洲金融危机以来，李嘉诚曾多次谈及他对香港的感情，当然他是有的放矢。事实上，长江与和黄，虽然是立足香港的公司，但其商业活动则早已国际化，而公司盈利的绝大部分也来自国际市场。相比之下，源自香港的盈利已变得微不足道。

就以 1999 年的业绩来看，长江盈利 570 亿港元，破历史纪录，其中 94％来自海外投资；和黄盈利高达 1173.45 亿港元，同样破历史纪录，其中 97％来自海外市场。

以长江、和黄的业绩结构，完全可以分拆海外业务在海外上市，长和的动向，一直是香港及国际商界的关注焦点，而且，对他这位"财神"，全球几乎所有主要的交易市场都表达过欢迎他随时上市的意愿。

李嘉诚坦言曾考虑过这个问题，但他却表示不能这样做，因为长江、和黄一旦分拆海外业务在海外上市，香港的业务便会空洞化。如此不但减少对香港的利益贡献及就业机会，更向国际社会传达了一个香港投资环境不佳的负面信息。

所以，李嘉诚很早就明确表示："长实以香港为基地的投资方针不会有任何改变；长实决不会迁册；我们最重要的是维持香港的繁荣及信心。"李嘉诚表示："我 99％投资在香港；我属下的企业的根基永在香港；只要我继续担任长实、和黄集团的主席，我们旗下的公司绝不会迁册海外。"

因为李嘉诚有很多国际商业伙伴，他的一举一动已成为外国投资者的风向标。所以李嘉诚向外界表示："只要在香港有投资机会，即使利润低些，我也宁愿在香港投资。"

李嘉诚说到做到。当初长和集团考虑将旗下入门网站 Tom.com 分拆出来到美国科技市场纳斯达克挂牌，但香港创业板上市委员会主席罗嘉瑞热情推介，打动了李嘉诚的心，Tom.Com 最终选择在香港创业板上市，并获得

了超乎理想的市场反应。

不仅如此，李嘉诚还利用自己的国际关系，劝说外国高科技公司来香港创业板买卖。不论他的财产增加了多少，不论他在全球富豪排名榜上的位置前移了几位，李嘉诚仍然是李嘉诚，不变的仍然是香港心、中国情。

1999 年初，李嘉诚在一个集团高层齐聚的内部活动上，谈到了香港，他认为，香港是"家乡根基所在"，并表示以后将继续以香港为重要的生意目标，谨慎选择优质项目积极拓展。

据说，在这一年的周年晚宴上，李嘉诚向出席的员工致辞，演讲中的绝大部分内容都是在讲香港。他对员工说，如果谁能想出一些对香港、对长实都有利的业务，他会非常重视，并愿意对此进行详细研究。

李嘉诚说，"我对香港前景充满信心，长江实业集团未来在香港的投资仍会继续增加，不会减少。"

1999 年 5 月 23 日，李嘉诚向媒体表示，如果回报合理，他将永远将香港作为做生意的首选之地。

第四节　经商的三条诀窍

一、经典语录

在别人放弃的时候出手；不要与业务"谈恋爱"，也就是不要沉迷于任何一项业务；要让合作伙伴有足够的回报空间。

——李嘉诚

二、经典事迹

李嘉诚在接受美国《财富》杂志采访时，透露了他经商的三条诀窍：在别人放弃的时候出手；不要与业务"谈恋爱"，也就是不要沉迷于任何一项业务；要让合作伙伴有足够的回报空间。

（一）人弃我取，在别人放弃的时候出手

1965 年 2 月，香港发生金融危机，银行信用一泻千里，人人自危。紧接

着，1967年，香港第一次较大的向外移民潮开始了，这使得刚刚出现一丝曙光的香港地产业，再次转入愁雾笼罩之中。

这次移民以有钱人居多，很多地产商疯狂抛售房产，香港房产业一落千丈。新落成的楼宇无人问津，整个房地产市场卖多买少，有价无市。地产商、建筑商们无不焦头烂额、一筹莫展。

拥有数个楼盘、物业的李嘉诚也是忧心忡忡，坐立不安。他时刻注意收听广播、看报纸，密切关注着事态的进一步发展。

但是，李嘉诚从宏观上相信，世事纷争，乱极则治，否极泰来。基于这样的分析，李嘉诚毅然做出"人弃我取，超低吸纳"的具有重要意义的正确决策，并且将此看作千载难逢的拓展良机。

于是，李嘉诚在整个大势中逆流而行，在整个地产行市都在抛售的时候，他不动声色地大量吃进。

此时，许多移居海外的业主，急于把未脱手的住宅、商店、酒店、厂房贱价卖出去。李嘉诚认为这是拓展的最好时机，于是他把塑胶盈利和物业收入积攒下来，通过各种途径捕捉售房卖地信息。

李嘉诚将买下的旧房翻新出租，又利用地产低潮时期建筑费低廉的良机，在地盘上兴建物业。

这场战后最大的地产危机，延续到1969年，历史又一次证明了李嘉诚的判断是正确的。

1970年，香港百业复兴，经济回暖，房地产又欣欣向荣了，市场转旺。这时，李嘉诚低价收购的房产身价倍增，李嘉诚高价抛出，获得不菲回报。

"人弃我取"，使李嘉诚成为这场地产大灾难的大赢家，他在别人放弃的时候果断出手，把别人臆想的灾难变成了自己的机遇，这也为他日后成为地产巨头奠定了基石。

关于这次的经历，李嘉诚总结说：

"任何一个行业，都有它自己的高潮与低谷。在低谷的时候，相当大的一部分企业都会选择放弃，有的是由于目光短浅而放弃，还有的是由于资金不足等各种各样的原因而不得不放弃。这个时候就应该静下心来认真分析一下，是不是这个产业已经到了穷途末路，是不是还会有高潮来临的那一天。"

的确，如果这个行业仍处于向前发展的阶段，只是由于其他一些原因才暂时处于低潮，就应该看到"低谷过后是高峰"，就应该选择在这个"别人的放弃"的时候，果断出手，这样可以以比较低的成本获得较高的收益。

（二）不要与业务谈恋爱

一般而言，企业家在一个国家或在一个产业称霸，已经算是了不起了，算是商界明星。但李嘉诚旗下产业横跨地产、酒店、电讯、能源、基础建设、港口、零售、生物技术等领域，事业跨越五十五个国家，他应是华人历史上，横跨最多产业、最多国家的人。

对此，李嘉诚告诉我们，"不要与业务谈恋爱，也就是不要沉迷于任何一项业务。"对于一个真正的生意人来说，在李嘉诚的眼中"只有赢利的业务，而没有永远的业务"。任何一项业务，当它走过自己的成熟阶段之后，必将走向衰落，而这个时候如果不进行自我调整，还抱着不放，必将随着该项业务的衰落而走向失败。"

商人做生意，要拿得起，放得下。拿得起或许很多人都可以做到，但真正到了要放下的时候，大部分人或许都不舍得了。没有永远的业务，只有赢利的业务。在该放弃的时候，就应该学会放弃，利用进行前一个业务所积蓄的力量，可以很轻松地展开下一个业务，业务不断转移更换，但赢利的中心却不能改变。

当年，正在塑胶花畅销全球的大好局面下，李嘉诚却敏锐地意识到，由于塑胶行业高利润的吸引，越来越多的人拥入塑胶行业，这就势必导致激烈的竞争，"好日子很快会过去"，于是，他开始寻找下一个机会了。

当时，世界各国冒险家、投机家纷纷拥入香港，地价一直处于上升状态。李嘉诚反复考虑，只要有钱赚，就是好生意，于时，决定投入房地产业。

在那段时间，李嘉诚属下长江公司起家的塑胶花生产走向低谷。面对这种形势，李嘉诚下决心将工厂部分转产，迅速大规模进军地产业，在地皮上大做文章，短短几年内便买下了上百万平方米的地皮和旧楼。不久，香港地价房价暴涨，李嘉诚由原来的千万富翁一跃跨入了亿万富翁的行列，成为香港地产业的大亨。

做生意时，不要被一项业务所套牢，不管这个业务的前景多么诱人，也不要把自己的全部赌注都押在同一个业务上。正如李嘉诚所说："绝不要对某一项业务情有独钟，这样才能在时机成熟时随时售出。"

李嘉诚在生意场中，有时坚持不懈，穷追不舍，甚至不惜"十年磨一剑"，有时却当机立断，及时撤退。无论他继续进取还是退避三舍，都是从该项业务是否有前途考虑的，而不是自己是否喜欢这个行业。有利则进，无利则退，他的成功也得益于他从不偏爱任何一项业务，从不和任何一项业务谈恋爱。

（三）让合作伙伴有足够的回报空间

合作伙伴是谁？合作伙伴对自己有什么用？想清楚了这个问题，就比较容易理解李嘉诚这一句"让合作伙伴有足够的回报空间"的话了。

在任何一个行业中，如果能有两家公司保持比较好的合作伙伴关系，这两家公司都可以达到双赢的局面。

合作伙伴之间的活动，对双方都有利，是双方保持稳定合作的基础，这就需要双方的任何一方都要多为对方着想，多考虑对方的利益。如果只是想着自己多得到一些利益，而让对方少得到一些利益，这种合作伙伴关系必将走向破裂，受害的是合作的双方。

李嘉诚坦言，生意是靠朋友做出来的，如果只考虑自己的口袋，而忽略了他人的利益，这样的生意是做不长久的，他自己也绝不会做这样的事。

李嘉诚与荣智健联手合作，成为商场佳话。李嘉诚帮助中信泰富上市，此后，李嘉诚又协助荣智健收购了恒昌行。这次交易和上一轮交易一样，中信泰富的股价再创新高。

当人们纷纷以为李嘉诚是为了赚钱才这么做时，他却于 1992 年将手中持有的恒昌股全部转让给荣智健，使中信泰富不仅成为红筹股，还于 1993年成为蓝筹股。

李嘉诚"与人方便，自己方便"，既让朋友挣了钱，自己也有的赚，这样的事，李嘉诚最乐意做，也经常做。这一方面衬映出其仁和之心，另一方面也折射出李嘉诚通晓大义、长袖善舞、料机运谋、长久发达的经商策略。

李嘉诚在生意场上只有对手没有敌人，这是非常罕见的，因为他非常善于把对手变成朋友。

20 世纪 80 年代，香港巨富包玉刚看到九龙仓股票是强劲股，发展前景不可估量，买下九龙仓就是种上了摇钱树，于是他决定拿下这块不可多得的"大肥肉"。殊不知，英雄所见略同，就在包玉刚暗中收购九龙仓之际，李嘉诚早已捷足先登，一举夺得 2000 万股九龙仓股票。

后来李嘉诚得知包玉刚有要收购九龙仓的打算，就主动以每股 36 元的价格转让给了包玉刚（当时九龙仓的价格是每股 40 元港币）。这一举动让所有人费解，李嘉诚对提出疑问的下属解释说："做生意是为了赚大钱，但只要有门道就可以赚到，而友谊却很难用金钱来购买！"

李嘉诚与合和实业有限公司主席胡应湘是一对交情笃深的朋友，也是商场上一对十分难得的拍档。当 64 层高的合和大厦刚刚完成主体结构之际，李嘉诚前往工地参观，并要求乘坐施工用的钢索吊篮上去。胡应湘认为这样太危险，要求自己和其他人先上去看看再说。李嘉诚则笑着说："我们是朋友，如果有什么危险，就不要留下另一半喽！"

有钱大家赚，给别人留下足够的利益回报空间，却不把危险全留给对方——跟这样的人，想不成为朋友都难。

李嘉诚正是凭借"有钱大家赚"、"让合作伙伴有足够的回报空间"的经营理念赢得了极好的人缘，很多人都愿意与他合作，因此他也总能在商场竞争中取得胜利。

第五章　他这样讲究世故人情

"要想在商业上取得成功，首先要懂得做人的道理，因为世情才是大学问。世界上每个人都很精明，要令人家信服并喜欢和你交往，那才是最重要的。"对于自己的成功，李嘉诚先生认为这首先要得益于自己"懂得做人的道理"。

李嘉诚今天的商业成就，在很大程度上要归功于他做人的胜利，归功于他的"德"。他在如何"做人"上的字字箴言，对今天的生意人很有启发意义。他说："做人最要紧的，是让人由衷地喜欢你，敬佩你本人，而不是你的财力，也不是表面上让人听你的。"用他自己的话说就是："世情才是大学问。"

第一节 信誉是座挖不完的金矿

一、经典语录

建立个人和企业的良好信誉，这是资产负债表中见不到、但却价值无限的资产。一时的金钱损失将来还可以赚回来；但损失了信誉就什么事情也不能做了。

——李嘉诚

二、经典事迹

李嘉诚带领长江、和黄两个公司，积累了巨额财富，除此之外，他还拥有一笔"在资产负债表中看不到但却价值无限的资产"，那就是他个人及其企业良好的信誉。

信誉是做人和经营企业的基本原则，也是成就事业的基础。李嘉诚认为，信誉是企业能否向前发展的关键。他说："在香港还是其他地方做生意，毕竟信用最重要。一时的损失将来还可以赚回来；但损失了信誉就什么事情也不能做了。"

（一）信誉是金字招牌

俗话说，"信誉是商人的生命"，这句话说得一点也不夸张，在企业所必备的经营发展条件中，信誉是最重要的。李嘉诚对此也是深有体会，他说："信誉是我的第二生命，但有时比自己的第一生命还重要。"

李嘉诚认为，信誉是不能用金钱估量的，是企业生存和发展的金字招牌。通过数十年的企业经营实践，李嘉诚对此笃信不移。

1979 年的一天，李嘉诚在记者招待会上宣布："在不影响长江实业原有业务的基础上，长江实业将以每股 7.1 元的价格，购买汇丰银行持股 22.4％的老牌英资财团和记黄埔有限公司股权。"

为什么汇丰银行让售李嘉诚的和黄普通股价格，只有市价的一半，并且同意李嘉诚暂付 20％的现金（即 1.278 亿港元），便可控制如此庞大的公司呢？

事后汇丰银行向记者透露："长江实业近年来成绩良佳，声誉又好，而和黄的业务脱离 1975 年的困境踏上轨道后，现在已有一定的成就。汇丰在此时出售和黄股份是顺理成章的。汇丰银行出售其在和黄的股份，将有利于和黄股东长远的利益。我们坚信长江实业将为和黄未来发展做出极其宝贵的贡献。"

李嘉诚居港近 40 年，他的成绩和声誉已广为香港市民、香港企业界所肯定，尤其是李嘉诚的业绩与声誉、精明与能力，深为沈弼所欣赏。这才有了汇丰银行的"另眼相看"，李嘉诚赢得了合作机会。

这说明了，信誉对于一个商人来说，是多么的重要，李嘉诚正是凭着个人良好的实力和信用，再加上船王包玉刚的帮助，才完成了这次交易。后来又凭借自己的诚信赢得了众人的赞许，被选为和记黄埔有限公司董事局主席，成为香港第一位入主英资洋行的华人大班，和黄集团也正式成为长江集团旗下的子公司。

从此李嘉诚的事业如日中天，势不可挡，并由此而被誉为"超人"。

做生意卖商品，其实卖的就是一个信誉，这是成功商人永远不变的商业信条。李嘉诚以小搏大，以弱制强，靠得就是多年积累的良好信誉和实力。走向最后的成功，靠的也是这些。可见，坚守诺言，建立良好的信誉是成功商人必备的基本条件，也是一个商人对外的金字招牌。

（二）袍金换信誉，超人得大利

董事袍金，是指公司董事为公司工作的报酬，包括薪金、佣金、花红、车马费等。1990 年，在加拿大做了 4 年打工族的李泽楷，在父亲的指令下回港。最初的日子，李泽楷向父亲抱怨薪水太低，还不及加拿大的十分之一，是集团内薪水最低的，都抵不上清洁工。李嘉诚却说："你不是，我才是全集团薪水最低的。"

那么超人的薪水到底多少呢？原来，李嘉诚每个月只拿 5000 港元的工资。

至于原因，2000 年，李嘉诚在接受媒体采访时说道："我一年如果拿 5 亿港币的薪水，都应该没有股东会说话，但我每月只拿 5000 港元，目的就是为了创造好信誉。"

确是如李嘉诚所期望的那样，他在董事会袍金上的做法，成为香港商界、舆论界的美谈。

李嘉诚近 30 年保持不变，只拿 5000 港元，每年放弃数千万元甚至数亿元的袍金，却获得了公司股东的一致好评。很多股东爱屋及乌，自然也信任长实系股票。甚至李嘉诚购入其他公司股票，投资者都仿效他，纷纷购入。

而反过来，得到好处和被感动的股东和员工，更加卖力地工作，李嘉诚是大股东和大户，最终得大利的当然是李嘉诚。有众股东的帮衬，长实系股票被抬高，长实系市值大增。李嘉诚想要办大事，也很容易就得到股东大会的通过。

对李嘉诚这样的超级富豪来说，袍金算不得大数，大数是他所持股份所得的股息及价值。李嘉诚失去的是数以千万的袍金，但他得到的是信誉，得到的是人们对他的信任，这是不能用金钱来衡量的，这才是最难能可贵的。

（三）信誉是无形资产

在亚洲金融风暴波及香港的时候，长江实业公司员工的公积金因外放投资受到不少损失。按理，遭遇这样的天灾大家只好自认倒霉。可李嘉诚却动用个人资金将员工的损失如数补上。宁可自己受损，绝不让员工吃半点亏，这样的企业老板理当深得人心。

而对于此，李嘉诚说："我个人除了勤勉、具有毅力之外，非常重视信誉，宁可少赚，行事也一定要顾忌信誉。"

为了建立良好的信誉，李嘉诚不惜自己吃亏，这种扶危济困的义举，为他树立了崇高的商业形象，他的信誉和声望如日中天，而这种信誉和声望又回馈了他无穷无尽的生意和财富。

股神巴菲特曾这样评价李嘉诚："李嘉诚先生是商业界的领袖，所有赚钱的人都想效仿他。按照李先生所说的话做人、做生意，即使不能成为富豪，也绝不会是个穷人。"

的确，李嘉诚之所以由一个贫穷的少年成为世界级超级巨富，他的成就的取得可以说是必然的。这种成功的必然，就在于他一直拥有的锐利而长远的目光，义字当头的气魄，和他一向引以为傲的良好信誉。

李嘉诚曾说自己不是"做生意的料"，因为他觉得自己不会骗人，不符合中国人所说的无商不奸的标准，但其实正是因为他有信而无奸，所以才做出了华人世界里独一无二的大生意。他经商最大的资产就是信誉。

李嘉诚凭良好声誉和稳健作风，成为著名国际公司的合作对象。他总是能够洞察先机，利用各种机会与客户建立长期的互惠关系，而不着眼于短期暴利。李嘉诚除了与客户建立平等互利的商业关系外，还十分重视与客户保持真挚友善的个人关系，从而使双方获得深切的了解和并开始紧密的合作。

几年前，李嘉诚决定把他所持有的香港电灯集团公司股份的10％在伦敦以私人方式出售。

在计划进行的过程中，港灯宣布即将获得丰厚利润的消息。因此他的得力助手马世民马上建议他暂缓出售，以便卖个好价钱，可是，李嘉诚却坚持按照原定计划进行，他很认真地说："还是留些好处给购家吧！将来再有配售时将会较为顺利。而且，赚多一点钱并非难事，但保持良好的信誉才是至关重要和不容易的。"

对于这一点，《远东经济评论》的评论家曾经非常精辟地说："有三样东西对长江实业至关重要，它们是名声、名声、名声。"

在加拿大投资赫斯基石油之后，李嘉诚的名字在加拿大已家喻户晓，而李嘉诚重视信誉在业界也是有口皆碑的。正是因为，李嘉诚多年来所经营的信誉，以致一些与李嘉诚合作的香港乃至国际上的大财团首脑都表示："我们都很信赖李嘉诚，李嘉诚往哪里投资，我们就往哪里投资。"

第二节　谦虚谨慎，戒骄戒躁

一、经典语录

保持低调，才能避免树大招风，才能避免成为别人进攻的靶子。如果你不过分显示自己，就不会招惹别人的敌意，别人也就无法捕捉你的虚实。

——李嘉诚

二、经典事迹

李嘉诚这个名字，已经成为华人世界的一个传奇，更是商界人士顶礼膜拜的偶像。实际上，曾经在香港比李嘉诚富有的人不止一个，但是人们公认他为华人财富的代表，在很大程度上是因为李嘉诚富而不骄。

（一）保持低调，不出风头

李嘉诚为人谦虚谨慎，毫无出风头的意识，尽可能保持低调，对于"树大招风"，他有感而发："在看完苏东坡的故事后，就知道什么叫无故伤害。苏东坡没有野心，但就是被人陷害了，他弟弟说得对——'我哥哥错在出名，错在太高调'，这真是个很无奈的过失。"

李嘉诚从中吸取教训，并且时刻要求自己戒骄戒躁，保持低调，保持谦虚谨慎。

李嘉诚17岁于一家公司当业务员时就崭露头角。第一年，他就是7个业务员中，业绩最好的一人，业绩是第二名的7倍。这让他的老板头痛不已，因为他没想到李嘉诚的业绩如此突出，依照销售成绩来算，他分红收入将领得比总经理还高。

李嘉诚得知后，竟然主动和老板说："如果我的收入，比总经理还高，那么同一个公司每个人都会有想法，甚至会妒忌我，这样不利于大家的团结。你给我分红就跟第二名一样多就行了，这样大家都开心，就解决了问题。"

老板依照李嘉诚说的去分配，果然没有惹来什么争议，李嘉诚也没有成为众矢之的。

李嘉诚对曾经经历过的失利进行了自我反省："坎坷经历是有的，心酸处亦罄竹难书，一直以来靠意志克服逆境，一般，名利不会对内心形成冲击，我自有一套人生哲学对待；但树大招风是没人面对之困扰，亦够烦恼，但明白是不能避免，唯有学处之泰然的方法。"

正如李嘉诚自己所说的那样："保持低调，才能避免树大招风，才能避免成为别人进攻的靶子。如果你不过分显示自己，就不会招惹别人的敌意，别人也就无法捕捉你的虚实。"李嘉诚是这样说的，也的确是这样做的。

（二）夹着尾巴做商人

如何才能做好生意，这是许多人向李嘉诚请教的一个问题。对于这种问题李嘉诚的回答是保持低调。所谓保持低调其实就是通常人们所说的夹着尾巴做人。

什么是夹着尾巴做人呢？就是要以一种谦虚和合作的态度去与人打交

道，李嘉诚不仅自己在做人方面保持低调，也同样谆谆告诫孩子保持低调。

李泽楷独立门户创办盈科，李嘉诚赠予他的一句箴言是："树大招风，保持低调。"成名以后，李嘉诚的经商谋略、行为方式，成为人们评价和模仿的对象。但这种低调的哲学却不太被人们接受，这是十分奇怪的。不管怎样，李嘉诚仍然保持了他的一贯低调作风。

例如当年李宅办理李泽钜的婚事时，在李泽钜去接新娘之际，李宅门口聚满采访的记者。李嘉诚破例邀请记者参观李宅花园。李宅高三层，李嘉诚本人住三楼，李泽钜与王富信则在二楼构筑爱巢。李嘉诚站在草坪上说：

"一层才 2000 平方英尺，不算大呀！……长实集团公司起码有 100 个伙计（职员），他们住的地方不比这里差……你们（记者）去过多少富豪家宅，好多都靓过我这里。"

对于媒体有关李家深水湾大宅大肆装修的报道，李嘉诚矢口否认，强调只用了约 3 个月，"这里 20 多年都没有认真装修过，即使装修一番，也要好好装修呀，是吗？"其实，婆家娶媳，本是大出风头之日，李嘉诚却一如往昔处事小心，这没有十分强烈的自我约束意识是做不到的。

（三）超人谦虚，感动众人

李嘉诚的谦虚得到了大家的认可。

2006 年 4 月，30 多位中国内地著名的企业家在香港集体拜会李嘉诚。这次聚会上，李嘉诚谦虚谨慎、戒骄戒躁的风骨，让中国内地的企业家们感慨颇多。

当时，中国内地 20 多个企业家们带着一种朝圣的心情去见李嘉诚。对于这段经历，"地产界的思想家"冯仑曾经回忆说：

"我们 20 多个人带着一种朝圣的心情去见李嘉诚，大家知道小人物见大人物，总是夸大别人，压低自己的要求，轻视自己的地位，我们当然是小人物，我们的想象非常简单，大人物见我们通常的定律，通常的游戏规则是这样，我们先到那，大人物没出场，我们急促、热切、紧张地盼望，就像我们被领导接见一样。"

然而，事实与冯仑想象的完全不一样，当他们到长江集团总部的时候，李嘉诚已经在电梯口等他们，一个一个地给他们发名片。

企业家们邀请李嘉诚讲几句，李嘉诚先说了一遍，发现现场有外国人，又用英语讲了一遍，后来发现还有人说粤语，他又用广东话讲了一遍，李嘉诚细心周到,用三种语言都讲了一遍。

聚会中一次很偶然的机会,中粮集团董事长宁高宁在电梯里遇到了李嘉诚,还没等宁高宁想出什么"天才"的话题与"超人"交谈,李嘉诚竟然先对宁高宁说:"宁先生,你对最近的地产市场怎么看?"

宁高宁自然不相信李嘉诚对地产市场没有成熟的看法,也不觉得李嘉诚的问话完全是出于客气,宁高宁相信谦虚可能是李嘉诚一贯的品格。提及这次经历,宁高宁不无感慨地说: "其实李嘉诚先生就像一位很谦虚的小学生。"

2006 年 6 月,阿里巴巴集团董事局主席马云,在做客阿里巴巴直播室时也说到了当时拜访李嘉诚时的感受: "李嘉诚老先生的谦虚,我是很佩服的。"

(四)超人的不骄傲智慧

做生意有赔有赚,公司经营也会时好时坏,这是再正常不过的事情了。那么,李嘉诚为何能够保持领先地位,让集团获得持续发展呢?归根结底,在于李嘉诚无论任何时候,都保持着警惕,不让骄傲自大的想法迷惑那份宝贵的理性。

成功往往很难把握,而失败却很容易降临。生意做好了,人们习惯产生骄傲的心理;遇到挫折的时候,则会把失败归结为自己"运气"不好。

但是,李嘉诚反其道而行之,他认为,当事业顺利时,应该把成功归于"这是运气好";当事业不顺利时,应想到"原因在于己",一个商人有这样的想法才能赚到钱。李嘉诚认为,当事业顺利时,认为是自己的功劳,不免会产生骄傲心理,而这容易导致下一次的失败。

其实,把生意做大,并不是一件困难的事情,困难的是我们每个人能不能克制自己内心的骄傲和自大,特别是在一帆风顺的时候,如果没有谦逊、警惕的心思,就容易头脑发热,遭遇挫折,在失败里往返徘徊。李嘉诚把生意做得很大,首先得益于他有一颗不骄傲的心。

在经营过程中因为成就而自我陶醉,以致冲昏了头脑,这样导致失败的例子不胜枚举。李嘉诚认为,避免这种情况的方法是:

(1)把自己取得的全部成就,一律以 7 折至 8 折来计算。比如,今年赚了 100 万元,要把它看成只赚了 60 万元。这样做不但能够削弱他人的妒忌,还能压抑自己的自满情绪,保持冷静、理性的头脑。

（2）时刻不忘自己的失败。事实上，企业发展过程中，以及做生意的不同阶段，我们总会遇到各种困难，犯不同程度的错误。任何时候，都应该牢记这些教训，压制骄傲的想法，提醒自己检讨不合时宜的做法。

（3）把避免经营错误的法则记录下来。生意里面包含有很多细则，都是成败的关键因素。把每一项细则都记录下来，尤其是把那些避免错误的做法整理出来，是很难得到的自我提升之道。

（4）别夸大自己的成就。许多人喜欢吹牛，常常不自觉地把自己所取得的成绩任意夸大。问题是，夸下海口的时候很舒服，但是过后往往有如芒刺在身的感觉，长久下去会造成很大的心理压力，包括有朝一日被人戳穿，难以下台的困窘。因此，做人坦诚一些、谦虚一些，压力自然少一些，离成功也就更近一些。

第三节　待人以诚，执事以信

一、经典语录

> 诚信是生存和发展的法宝，是不可以用金钱来估量的。
>
> ——李嘉诚

二、经典事迹

李嘉诚在潮州一个书香之家出生，父亲李云经是当地的小学校长，饱读诗书的他对儿子有很高的期望，希望孩子以诚为本，以诚待人，将来能取得一番成就，因此给儿子取名为"嘉诚"。

从一个勤奋少年到亚洲首富，李嘉诚也的确如其名、如其父所期望的那样，时刻以"诚"要求自己。对于诚信，李嘉诚有自己独到的见解："失去信用最易导致关门大吉。"的确如此，只有诚信，才能有客户，才能有生意，才能有财路。

（一）言行一致，立信的根本

"言必信，行必果"是立信的根本。无论是在商业活动还是在平时与人交往中，信用都是第一要义。无论是对合作伙伴，对顾客，甚至是对一个陌生人，都要言行一致，讲诚信。

20 世纪 50 年代，李嘉诚刚开始做塑胶花生意时，经常从香港的皇后大道经过，几乎每次都能看到一个行乞的外省妇人，四五十岁的样子，很斯文。这个妇人从不伸手向李嘉诚要钱，但李嘉诚每次都给她钱。

过了一段时间，李嘉诚觉得这是一个不错的人，应该去做一份正当的工作，于是，他就询问了她会不会卖报纸，她说有同乡干这行，于是李嘉诚约好了日期让她带同乡来见他。

但不巧的是，刚好那一天有个客户临时来到李嘉诚的工厂参观。作为东道主，李嘉诚必须接待，这可怎么办？

信守诺言是做人的根本，他深知这一点。在与客户交谈中，他突然说："Excuse me!"便匆匆离开了。

当时客人以为他上洗手间了，其实他跑出工厂，驾车奔向约定地点。

见到那个乞丐后，他把钱交给了她，并要求她答应一件事，就是要努力工作，不要再让李嘉诚看见她在香港任何地方伸手向人要钱。

办完这件事后，李嘉诚又回到工厂。客户正等得着急，见他回来说："为什么洗手间里找不到你？"他笑一笑，这事就过去了。

过了一段时间，在一次酒席上，李嘉诚坦诚地把当天的经历告诉了这个客户。在场的人听后无一不被他的言行一致、信守承诺而感动。

即使面对的是一个素昧平生的乞丐，即使冒着可能失去数十万元订单的风险，李嘉诚也不愿意失去自己的信用。当时的李嘉诚事业才刚刚起步，他的工厂很需要这些订单，但他宁愿可能丢了这笔生意，也要坚守自己的信用。

坚守信用，言行一致，才能赢得别人的信任、支持和尊重，而信用就像存在银行的红利，时间越久，利息越多。正如李嘉诚所说："人的一生最重要的是守信，我现在就算有十倍多的资金，也不足以应付那么多的生意，而且很多是别人来找我的，这些都是为人守信的结果。"

（二）让敌人都相信你

诚信的最高标准是什么？让亲人相信你？让朋友相信你？还是让合作伙伴相信你？如果问李嘉诚这个问题，他会告诉你"让敌人都相信你"。

李嘉诚在一次接受媒体采访时这样说：

"有人问我做人成功的要诀，我认为做人成功的重要条件是让你的敌人都相信你。要做到这样，第一是诚信。

"我答应的事，明明吃亏我都会做，这样一来，很多商业上的事，人家说我答应的事，比签合约还有用。

"曾经，我有个对手，人家问他，李嘉诚可靠吗？他说：'他讲过的话，就算对自己不利，他还是按诺言照做，这是他的优点。'答应人家的事，错的还是照做。让敌人都相信你，你就成功了。

"举个例子，有一次，我们将和一家拥有大幅土地的公司进行合作，他们公司有个董事跟其他的同业是好朋友，有利益的关系，就说为什么要跟长江集团合作，不考虑其他的公司。他们主席（董事长）说，跟李嘉诚合作，合约签好以后你就可以高枕无忧了，麻烦就没有了，跟其他的人合作，合约签好后，麻烦才刚开始。

"这是家大公司，公司全部的人包括主管都知道我是这样的一个人，所以结果没有一个人反对，一次会议就通过和长江合作的计划。

"这个合作，长江集团赚了很多钱，对方也赚了很多钱，是双赢。

"敌人相信你，不单只是诚信，敌人相信你是因为相信你不会伤害他。例如，我是他的竞争者，但他相信我不会伤害他，不会用不恰当的手段来得到任何东西，或是伤害任何一个人。"

没有诚信，朋友会离你远去；没有诚意，客户会对你敬而远之。俗话说，商场如战场，而李嘉诚正是凭着自己的"诚"才使自己立于不败之地。一个"诚"字，是其做人处世的宗旨，也是他事业辉煌的秘诀。

对于诚信和成功的关系，李嘉诚做了这样一番精辟的论述："一个企业的开始意味着一个良好信誉的开始，有了信誉，自然就会有财路，这是经商中必须具备的商业道德。就像做人一样，要忠诚、有义气。对自己说出的每一句话、做出的每一个承诺，一定要牢牢记在心里，并且一定要做到。当你建立了良好的信誉后，成功、利润便会随之而来。"

（三）诚信育子，更见其诚

诚信是做人的基本原则，也是成就事业的基础。历史上，成大事者都是

"以信义而著于四海",诚信也是一种无形的资产。

由于受中国传统文化的熏陶,李嘉诚始终把诚信作为他做人做事的一条基本原则。他一生都是这样,并且也是这样教育自己两个儿子的。

1990年初,李嘉诚把在国外的两个儿子唤回身边,打算让他们留在香港,传授做生意之道。

谈到做生意的秘诀,李嘉诚最看重的就是一个"信"字。他在教育两个儿子时反复强调,"要想要别人信任你,就要讲诚信。不只是一个商人,一个国家亦是无信不立。"这也是李嘉诚经商多年的肺腑之言。

每一个父亲,都希望把自己在时间打磨中总结出来的精髓,传授给自己的孩子,可以说从对子女的教育上,最能看出一个人的为人和心中的想法。而对李泽钜和李泽楷两兄弟,李嘉诚反复强调的,不是如何管理、如何经营、如何布局、如何投资,而是一直强调"做人和经商都要讲究诚信"。李嘉诚自己也坦言:

> "以往百分之九十九是教孩子做人的道理,现在有时会谈生意,约三分之一谈生意,三分之二教他们做人的道理。因为人情世故才是大学问。世界上每一个人都有精明之处,要令人家喜欢和你交往,那才最重要。
>
> "我经常教导他们,一生之中,最重要的是守信。现在就算再有十倍的资金也不足以应付那么多的生意,而且很多是别人主动来帮自己的,这些都是因为守信的结果。对人要守信用,对朋友要有义气,今日而言,也许很多人未必相信,但我觉得这实在是终身用得着的。"

一直用"诚信"教育儿子,可见对于李嘉诚这位30岁时,就凭自己的努力成为富豪的人来说,最看重的素质就是"信"。

诚信是成功商人身上最宝贵的品质,信用是商人能把生意做到全球的法宝。李嘉诚明白这个道理,所以,他一直要求自己待人要诚信,也要求儿子要讲究诚信。以诚待人,是李嘉诚为人的一种态度,也是他个人做人成功、经商成功、育儿成功的法宝。

第四节　逆境中更要坦荡

一、经典语录

　　诚实是做人处世之本，是战胜一切的不二法门。只有诚实，才能战胜一切厄运，才能赢得民心。

——李嘉诚

二、经典事迹

　　做人做事，都应该有自己的底线，不超越底线，才能在安全的范围内，不会跌进万丈深渊。在众人眼中，李嘉诚是成功的企业家，懂得赚钱。其实，一切都归功于这位华人首富做人的基本原则：做生意坦坦荡荡，赚钱心安理得。

（一）吐露实情，赢得转机

　　以坦荡的态度，向客户吐露真情，是增加企业信誉和帮助企业度过危机的条件，李嘉诚一向认为逆境中坚持坦荡非但不会坏事，还会迎来转机，当然他的这个观点也在他日后的经商中得到了验证。

　　1957年岁末，李嘉诚开始把塑胶花作为重点产品生产，他不惜重金网罗全港最优秀的塑胶人才，不断地推出新样品。可是，因为资金有限，他无法更新设备、增加厂房、招聘技工，这严重地阻碍了生产规模的扩大。李嘉诚担心陷于前几年的被动局面，不敢放手接受订单。

　　正当李嘉诚预感到资金问题会给他的企业带来新的危机的时候，有一位外商希望大量订货。为确保李嘉诚有供货能力，外商提出须有富裕的厂家作担保。

　　李嘉诚白手起家，一点背景都没有，去找谁作担保呢？这一下子可难住了李嘉诚。第二天，在香港一家酒店静谧而优雅的咖啡厅里，李嘉诚和订货商对坐着。

此时，李嘉诚从手提包里拿出九种按照订货商的要求设计出来的精巧别致的塑胶花。然后，李嘉诚诚恳地说："就我个人而言，我当然十分希望能够长期与您合作。长江目前虽没有取得足够的资金以及担保，但是我们却可以给你提供全香港最优惠的价格、最好的质量、最优的款式，并保证在交货期按时交货。而且，这九款塑胶花样品，如果你觉得满意，我愿意送给你，只是希望有机会跟你合作。"

他的诚恳执着，深深打动了订货商。这位订货商说道："李先生，我知道你最担心的是担保人，我坦诚地告诉你，你不必为此事担心，我已经为你找好了一个担保人。从你坦白之言中可以看出，你是一位诚实君子。诚信乃做人之道，亦是经营之本，不必用其他厂商作保了，你就是最好的担保人，现在我们就签合约吧。"

可李嘉诚却拒绝了对方的好意，"先生，能受到如此信任，我不胜荣幸之至！可是，因为资金有限得很，一时无法完成您这么多的订货。所以，我还是很遗憾地不能与你签约。"

坦诚地告诉对方自己因为资金有限，一时无法完成这么多的订货。李嘉诚这番实话实说，充分吐露实情的做法，使外商内心大受震动，于是，外商决定，即使冒再大的风险，也要与这位罕见坦荡的人合作一回。

谈判在轻松的气氛中进行，很快签了第一单购销合同。按协议，批发商提前交付货款，这基本解决了李嘉诚扩大再生产的资金问题。

正是李嘉诚即使在逆境中，在生意遇到瓶颈的困难时期，也坚守坦荡做人的态度，为他赢得了这位订货商的认可，也为自己生意赢得转机。

（二）坦荡助其渡危机

李嘉诚的坦荡有口皆碑，这不仅得益于他的诚实守信，更重要的是因为他在自己处于不利的情况下，也能坦荡处之，绝不遮遮掩掩，而是让客户、让下属了解到最真实的情况。

李嘉诚投身塑胶行业，正是顺应了香港经济的转轨，塑胶业在世界也是新兴产业，发展前景广阔。所以，李嘉诚的塑胶产品一时间供不应求，没办法，李嘉诚只得匆忙招聘工人，经过短暂的培训就单独上岗。他实行三班倒工作制，开足马力，昼夜不停出货。却没想到欲速则不达，这也给他的生意带来了危机，使他陷入困境。

一家客户宣布他的塑胶制品质量粗劣，要求退货。仓库里堆满因质量欠佳和延误交货退回的玩具成品，一些客户纷纷上门要求索赔。还有一些新客户上门考察生产规模和产品质量，见这情形扭头就走。可以说李嘉诚真的陷入了创业以来的最大困难之中。

痛苦不堪的李嘉诚只得回家寻求一片安静，母亲面对憔悴的儿子，讲了一个意味深长的故事。

很早很早之前，潮州府城外的桑埔山有一座古寺。寺里的和尚云寂已是垂暮之年，他知道自己在世的日子不多了，就把他的两个弟子——一寂、二寂召到方丈室。

云寂和尚交给两个徒弟每人一袋谷种，让他们去播种插秧，然后到谷熟的季节再来见他，看谁收的谷子多，多者就可继承衣钵，做庙里住持。

云寂和尚整日在方丈室念经，到谷熟时，一寂挑了一担沉沉的谷子来见师父，而二寂却两手空空。

云寂问二寂为什么他没有拿来谷子，二寂惭愧地说，他没有管好田，师傅给的种子没发芽。

然而，云寂却把袈裟和瓦钵交给二寂，指定他为未来的住持。一寂不服，对师傅说："明明是我收获的稻谷多，为什么让二寂做住持呢？"师父却说："因为我给你俩的种谷都是煮过的。"

李嘉诚悟出母亲话中的玄机——诚实是做人处世之本，身处逆境才更要坦荡。

第二天，李嘉诚回到厂里，他首先对员工坦承自己的错误。李嘉诚召集全体员工开会，在会上，他坦诚地承认自己经营错误，急功近利不仅拖垮了工厂，还损害了工厂的信誉，连累了员工。

并且他真诚地向这些天被他无端训斥的员工赔礼道歉，并表示经营一有转机，辞退的员工都可回来上班，如果找到更好的去处，也不勉强。从今后，他保证与员工同舟共济，绝不损及员工的利益而保全自己。

紧接着，李嘉诚一一拜访银行、原料商、客户，向他们认错道歉、祈求原谅，并保证在放宽的限期内一定偿还欠款，对该赔偿的罚款，一定如数付账。

李嘉诚丝毫不隐瞒工厂面临的空前危机——随时都有倒闭的可能，恳切地向对方请教拯救危机的对策。

而李嘉诚的坦荡，也得到他们中的大多数人的谅解。他们都是业务伙伴，长江塑胶厂倒闭，对他们同样不利。

银行方面也放宽偿还贷款的期限，但在未偿还贷款前，不再发放新贷款。

原料商同样放宽付货款的期限，对方提出：长江厂需要再进原料，必须先付70％的货款。

李嘉诚如初做"行街仔"那样，马不停蹄到市区推销。正品卖出一部分，他不想被积压产品拖累太久，全部以极低廉的价格，卖给专营旧货次品的批发商，并出人意料地在制品的质检卡片上，一律盖上"次品"的标记。

在李嘉诚和全体员工的共同努力下，到1955年，长江塑胶厂出现转机，产销渐入佳境，被裁减的员工全部回到厂里上班，并且，李嘉诚还补发了他们离厂期间的工薪，令他们感恩至深。

1955年的一天，李嘉诚召集员工聚会。他首先向员工鞠了三躬，感谢大家的精诚合作。然后，用难以抑制的喜悦之情宣布："我们厂已基本还清各家的债款。昨天得到银行的通知，同意为我们提供贷款。这表明，长江塑胶厂已走出危机，将进入柳暗花明的佳境！"

经过这次磨难，李嘉诚为自己立下了做人与做生意的座右铭，并成为他一生的行动准则，那就是：做人要坦荡，而身处逆境中更要坦荡。

第五节　淡泊名利，坚守原则

一、经典语录

我的经营理念是，可以赚的钱应该赚，不过要合法合理。可以赚足 Last penny，可以想办法赚到最后一分钱，但是不能伤天害理。

——李嘉诚

二、经典事迹

在众人眼中，李嘉诚是成功的企业家，懂得赚钱。其实，一切都归功于这位华人首富做人的基本原则：做正直的人，赚合理的钱。

李嘉诚认为，做人做事，都应该有自己的底线和原则，不超越底线，才能在安全的范围内，不会跌进万丈深渊；而坚守原则，才能把持住自己，做正直的商人，赚合理的钱，把生意越做越好。

（一）不为名利所动

"不义而富且贵，于我如浮云。"对于名利，李嘉诚引用孔子的话这样说。

李嘉诚认为，名利不是最重要的。面对眼前的名利，李嘉诚能够把做人和道义放在第一位，不为名利所动，这是一般商人所难以做到的。

商场上的信息可谓瞬息万变，1999 年 11 月，李嘉诚因出售"橙"的股权获利 1180 亿港元之后不到一个月，欧洲的电信市场又掀起风波。李嘉诚再一次面临着一场大的收购，这桩交易又一次使李嘉诚成为了公众关注的人物。而李嘉诚也再一次面对名利与道义、与原则之间的抉择。

英国沃达丰电讯公司宣布，他们将调用超过一万亿港元，用以收购德国的曼内斯曼公司 52.8% 的股权。曼内斯曼却声明，他们坚决反对沃达丰的恶意收购。曼内斯曼高层表示，他们会采取行动抵抗到底。

而李嘉诚当时是曼内斯曼最大的单一股东，他掌控着曼内斯曼 10.2% 的股权，自然而然，李嘉诚也就成为了这宗全球最大收购案中的焦点人物，是收购与反收购双方都想要极力争取的对象，可以说李嘉诚才是这场名利之争的漩涡中心。

在这无比紧张的关键时刻，英国的一个组织于 11 月 23 日晚，把一枚"杰出人士奖章"授予了李嘉诚，这无疑引起了众多业内人士的种种猜测，这应该是在为沃达丰收购曼内斯曼拉票吧？也有一些人为李嘉诚算了一笔账，如果李嘉诚把手上的曼内斯曼股份按沃达丰的出价卖给沃达丰，那么李嘉诚就会在不到一个月的时间里获利 318 亿港币。

可以说，在这场利益之争中，李嘉诚可以很轻易地就名利双收。那么李嘉诚真的会为名利而动心，进而弃道义和原则于不顾，而选择名利吗？

出人意料的是，作为商人的李嘉诚却没有为名利所动，而是在被授予"杰出人士奖章"的当天晚上，直接让和黄的董事局代其发表了坚决支持曼内斯曼抵抗敌意收购的声明。当有人问起时，李嘉诚是这样解释的："和黄与曼内斯曼一起发展对和黄股东有利，而且沃达丰提出的收购价不具备吸引力。"

在名与利面前，李嘉诚选择了放弃，正如他自己曾引用孔子的话所说："不义而富且贵，于我如浮云。"他并没有因为名利的的关系而放弃曼内斯曼的股份，而是和曼内斯曼一起抵制沃达丰的恶意收购。李嘉诚淡泊名利的美名也越传越远。

（二）正直赚钱是最好

2005 年 9 月 25 日，李嘉诚在其投资创办的长江商学院 EMBA/MBA 毕业典礼上表示："一个有使命感的企业家，在捍卫公司利益的同时，更应重视以正直的途径谋取良好的成就，正直赚钱是最好。"

1997 年亚洲金融风暴发生后，香港经济也受到很大冲击，地产及股市大跌，人心惶惶。国际对冲基金及大炒家多次利用股市溃击影响汇率及期指市场，以期获取暴利。

这个时候，就有人向李嘉诚建议，借取他公司的股票在市场上抛售，这样随便一弄，便可以获得数以十亿元计的利润，条件非常诱人。

但李嘉诚认为这样的做法，会对香港的经济构成很大威胁，甚至会危害到香港的经济。所以他斩钉截铁地一口拒绝，因为在商业秩序的模糊地带，他选择的是做一个正直的人，赚合理的钱。

2001 年，李嘉诚与汕大师生有一次财富对话。在这次对话里，李嘉诚曾提及到，"还有军火，有人劝我：这不是枪，这是一个新的武器。大概只有这么大吧（比划），但是放在这里的话，一平方公里所有的 Computer 都动不了了，这最新的我也不要。"

面对赚钱的大好机会，李嘉诚却说："正直是企业文化的基础，也可以视其为经营的一项成就，一个有使命感的企业家，应该努力坚持，走一条正路，这样我相信大家一定可以得到不同程度的成就，赚钱你可以赚，正直赚钱是最好。"

超人李嘉诚做生意总是既能顾及利益，又力求在商业秩序模糊的地带坚持正直，争取赚那种"干干净净"、"漂漂亮亮"的钱。用他自己的话说就是："在一个商业社会，钱当然是越多越好，自由的事业，非常非常吸引人，前景好得不得了，法律也允许，这个事业可以做，但是就算是这样的事业，如果我心里带有疑问，我情愿牺牲。"

做商人成功很容易，但做一个正当竞争的商人是不容易的。因为竞争越激烈，诱惑越大。如果个人没有原则，从一个不正当的途径去发展，有的时候，你可以侥幸赚一笔大钱，但是来得容易，去得也容易，同时后患无穷。李嘉诚也说："我绝不同意为了成功而不择手段，那样即使侥幸略有所得，亦必不长久。"

一个成功的商人，首先就应该是一个像李嘉诚这样正直的人，然后才是一个成功的商人。李嘉诚身体力行，用其自身的经历证实着"正直赚钱才是最好"。

（三）坚守原则，有所为有所不为

原则涉及做人之道，而李嘉诚这位商海奇人，对原则问题更是决不含糊。对于赚钱，李嘉诚也有自己的原则，他说："有的钱，比如你掉在地上一毛钱，你不去捡就浪费了。但是有的钱，即使是以亿计算也不能赚。"李嘉诚是这样说的，也是这样做的。

一次，李嘉诚从家中出来，正当秘书为其开车门，他弯腰欲上车的刹那，不小心从上衣口袋掉出一个硬币。不巧的是这个硬币滚落到路边的井盖下面。于是李嘉诚让秘书通知专人前来揭开井盖，小心翼翼在井下寻找该硬币。

大约 10 分钟后，终于找到了硬币，于是李嘉诚"奖励"这位服务人员100 元港币。有人不解，以为"落井"的这枚硬币有特殊"身份"，但其实这枚硬币就是枚普通硬币。

得知这件事的人都很困惑，而李嘉诚这样解释：一枚硬币也是财富，如果你忽视它，它"落井"了，你不去救它，那么慢慢地财神就会离你而去；而 100 元港币则是服务人员该得的报酬。

的确，对于自己的财富，李嘉诚不浪费一分一毫，对于合理的财富，李嘉诚说："可以赚足 Last penny，可以想办法赚到最后一分钱。"

对于赚钱，就是这样的"有所为"，使李嘉诚成为了亚洲首富，但是，这位商海巨人更注重的是坚守自己的"有所不为"。

在巴哈马国，李嘉诚就让所有人见证了他经商坚守原则，有所不为、赚合理钱的良好操守。

很多人都知道赌场是一种娱乐事业，也是一种暴利事业。但是超人李嘉诚在面对这样一个获取暴利的机会时，却明确地选择了拒绝。

李嘉诚在加勒比海巴哈马国投资后，拥有货柜码头、飞机场、酒店、高尔夫球场及大片土地，成为当地最大的海外投资商。

巴哈马政府拿出很多商人求之不得、一定赚大钱的赌场牌照，作为酬谢李嘉诚的礼物。面对送来的钱财，李嘉诚婉转地拒绝了。他说："我对自己有个约束，并非所有赚钱的生意都做。"

巴哈马总理找到李嘉诚说："一大堆商人追着要这个牌照，我们都没给，你这么大的投资，我一定要给你，你有三家酒店，随便放哪家都可以。"

盛情难却之下，李嘉诚做了"妥协"，决定不接受赌场牌照，但在酒店外面另盖独立的房子给第三者经营，并由经营者直接与政府洽谈条件，和黄只赚取租金。

"酒店客人要去那儿我不管，但我的酒店决不设赌场。"李嘉城说，"或许，用现代的生意眼光来考量，会有各种不同的说法，但这是我的原则，原则必须坚持。"

在 2001 年，李嘉诚与汕大师生有一次财富对话中，有人询问李嘉诚的经营理念时，李嘉诚这样回答："在一个商业社会，钱当然是越多越好，自由的事业，非常非常吸引人，前景好得不得了，法律也允许，这个事业可以做，但是就算这样的事业，如果在我心里带有疑问，我也情愿牺牲掉。"

坚守原则，坚持有所为有所不为的信念，如此做人、如此经商的李嘉诚，非但没有因此损失掉利益，相反，他一方面赚的盆满钵满，另一方面又赢得了人心，让众人对他心服口服。不得不说，李嘉诚的确是一个成功的商人。

第六章　他这样与人合作

LIJIA CHENG DE REN SHENG ZHEN YAN

合则两利，分则两害。在激烈竞争的商业社会里，商人之间互相合作，实现共同繁荣，是把生意做大的一个秘密武器。

李嘉诚深谙其道，在尔虞我诈、弱肉强食的商业世界里，人们精于算计和谋划，但是李嘉诚却秉承"同天下之利者则得天下"的信念，舍小利、得大利，吃小亏占大便宜，照顾各方利益，与商界同行打成一片，最终建立了自己的商业帝国。

第一节　不怕吃亏，多为别人想想

一、经典语录

奥妙实在谈不上，我首先得顾及对方的利益，不可为自己的利益斤斤计较。要有诚信，不怕吃亏。要舍得让利使对方得利，这样，最终会为自己带来较大的利益。

——李嘉诚

二、经典事迹

助人者，人恒助之。无论是谁，与人交往，都不能只顾一己私利，而是要不怕自己吃亏，要多为别人想想，只有这样才能赢得别人的尊重和信任，最终名利双收。

（一）吃亏是福

在"长江"的客户中，有个美籍犹太人马素，他曾经订购了一批塑胶产品，但最终却不知何故临时取消了这笔交易。按照合同，李嘉诚是可以要求马素进行赔偿的，这毕竟给塑胶厂造成了一定的产品积压。然而，李嘉诚没有这样做，他心中有自己的打算。

当时长江塑胶厂生意很好，塑胶产品订货量大，销售量大，需求量大，就算马素不要这批产品了，应该也可以卖得出去。

并且通过以往的合作，李嘉诚觉得马素是一个信誉良好的商人，是一个值得信赖的合作伙伴，这一次的事情，他一定是有什么苦衷，才会违反合同。所以不妨吃点亏，做个人情，送给马素。这样做，虽然在金钱上吃点亏，但是却结交下了一位朋友。

因此，李嘉诚并没有要求马素进行赔偿，并且对马素说："我相信你的信誉，这次的合作就算了，我希望日后若有其他生意，我们还可以建立更好的合作关系。"

长江塑胶厂的很多工人，都觉得李嘉诚白白损失了应得的赔偿，李嘉诚却笑而不语。其实他心里明白，这样的吃亏未必是真吃亏，与人方便，自己方便，还结交下了一个朋友，这是用多少钱都买不来的，更何况自己的产品迟早能卖出去，算不上损失。

事实证明，李嘉诚的这种不怕吃亏的做法，的确是对的。受了恩惠的马素，深感这位宽厚、容人的年轻创业者是一个可以做大事的人，于是他不断地帮李嘉诚向美国的同行推销长江的产品，做李嘉诚的免费推销员，并且是最有说服力的推销员。

美洲的商家最终被打动，都到长江塑胶厂一探究竟。而李嘉诚也没有让他们失望，李嘉诚的产品就和马素说的一样好。自此，美洲的订单如雪片一样飞来。由此，李嘉诚进一步感悟到了"吃亏是福"的道理。

2003年9月，李嘉诚在接受《中国青年报》的采访时说：

> "要有诚信，不怕吃亏。在我22岁开始自筹资金做生意时，有一家贸易公司向我订购一批产品输往国外。当时货物已经卸船付运，可以向对方收取货款了。但是贸易公司的负责人却突然打来电话说，无法收货，愿意赔偿损失。
>
> "根据我的判断，这批玩具很有市场，不愁顾客，我的损失有限，不用赔偿了。当时我的考虑是留下一个空间，建立互信的关系，日后就有更多的合作机会了。
>
> "在我开始转营塑胶花的时候，我没有再把这件事放在心上。有一天，一位美国人突然找我，说经某贸易公司的负责人推荐，认为我的厂是香港最大规模的塑胶花厂，令我一时语塞，因为当时我的厂房并不太大。
>
> "后来我知道，从前那家贸易公司的负责人，认识这位美国人，告诉他我是完全值得信任的生意伙伴，为我说尽好话。这位美国人最后给我6个月订单，更成为我永久的客户。他们所需的塑胶花逐渐地全由我供应，我的塑胶业务发展一日千里。做生意要不怕吃亏，一时吃亏，长远的却往往有利。"

吃亏是福，李嘉诚的意思是，他吃亏可以争取更多人愿意与他合作。李嘉诚一生与很多人进行过或长期或短期的合作，分手的时候，他总是愿意自己少分一点钱。这是种风度，是种气量，也正是这种风度和气量，才使得越来越多的人愿意和他合作，他的生意也就越做越大。

（二）想人所想，急人所急

为了塑胶厂的发展，李嘉诚加入香港潮联塑胶制造业商会，和其他同道一起，组成联盟共同发展，成为"共享共荣"的合作伙伴关系。

在香港潮联塑胶制造业商会里，李嘉诚做了一件功德无量的事：石油危机发生时，他带头并且和其他会员联手共克难关，最让人赞叹的是，在合作中，他"想人所想，急人所急"，甚至不惜自己吃亏、不惜牺牲自己的利益，以保全其他合作伙伴的利益。

1973年，石油危机波及香港。香港的塑胶原料全部依赖进口，因此，香港的进口商乘机垄断价格，将价格炒到厂家难以接受的高位。年初时每磅塑胶原料是六角五港币，秋后竟然暴涨到每磅4元到5元港币。不少香港潮联塑胶制造业商会下属的厂家被迫停产，濒临倒闭。

李嘉诚当时的经营重心已经转移到地产上，因此这场塑胶原料危机对他的影响不大，况且，长江公司本身有充足的原料库存。

但危急关头，李嘉诚首先想到的是联合会里其他合作伙伴的利益。想人所想，急人所急，李嘉诚毫不犹豫地挂帅救业。在他的倡议和牵头下，数百家塑胶厂家入股组建了联合塑胶原料公司，力求帮助受困的厂家扭转局面。

原先单个塑料厂家无法直接向国外进口塑胶原料，是因为购货量太小。现在由联合塑胶原料公司出面，需求量比进口商还大，因此可以直接交易。所进购的原料，按实价（其实并不高，只是被进口商炒高了）分配给股东厂家。在厂家的联盟面前，进口商的垄断不攻自破。笼罩全港塑胶业两年之久的原料危机，一下子烟消云散。

不仅如此，李嘉诚在救业大行动中，为了合作伙伴的利益，还将长江公司的12.43万磅原料，以低于市价一半的价格救援停工待料的厂家。直接购入国外出口商的原料后，他又把长江本身的配额20万磅，以原价转让给需求量大的厂家。危难之中，得到李嘉诚帮助的厂家达几百家之多。李嘉诚因此被称为香港塑胶业的"救世主"。

加入香港潮联塑胶制造业商会，与其他同业之间，有合作当然也少不了竞争，这其中更可见一个人的道德素质。

在商会伙伴处于不利环境时，落井下石，踩沉对方，固然可以少一个竞争对手，但切不可忘记，即使你真扼杀了一个对手，但总会有新的竞争对手出现。正如"野火烧不尽，春风吹又生"一样，一个人不可能独霸一个行业，也不可能赚完所有的钱。

正确的做法是，像李嘉诚一样多为别人想想，特别是危难之际，急人所急，想人所想，救人于危难之际，和合作伙伴一起壮大联盟，共同繁荣，这样做，不但帮助了别人，还赢得了人缘、信誉及声望，也为你日后的发展埋下伏笔。

（三）人道收购，照顾各方利益

在李嘉诚的商业生涯中，他从没有进行过一次"恶意收购"，他一直奉行的是"善意收购"，在收购中力主照顾到各方的利益。

李嘉诚收购对方的企业，必先与对方进行协商，尽可能地通过心平气和的方式谈判解决。若对方坚决反对，他也不会强人所难。所以李嘉诚的收购无论成与不成，通常都能使对方心悦诚服。

收购成功，他不会像许多老板一样，进行一锅端式的人事改组与拆骨式的资产调整。他总是尽可能地挽留被收购企业的高层管理人员，照顾小股东的利益，而股权重组等大事，他也是先征得股东会议通过。

收购未遂，李嘉诚也不会以所持股权为要挟，逼迫对方以高价赎购，以作为退出收购的条件。他总是照顾各方利益，争取大家共同得利，而不是把事情做绝。

因此，很多时候，被收购方都愿意让李嘉诚来收购自己的企业。其中，收购"恒昌行"就是一个典型的例子。

"恒昌行"正名是恒昌企业有限公司，由前恒生银行董事长何善衡创办，是华资第一大贸易行。何善衡年事已高，后代又无意经商，故萌生出售之意。

若非出自何善衡本意，市场无人敢觊觎"恒昌"。"恒昌"整个集团资产净值高达 82.73 亿港币，经营状况良好。三大股东拥有绝对的控股权，其中何善衡 30%，梁球据 25%，何添 15%，因此，外强无任何可乘之机。

1991 年 5 月，郑裕彤家族的周大福公司、恒生银行首任已故主席林炳炎的家族、"中漆"主席徐展堂等成立备贻公司，欲全面收购"恒昌"。

结果，"备贻"出师不利。据市场披露的消息，"备贻"的三大股东已经事先做出三分"恒昌"的瓜分计划：郑裕彤得恒昌物业，林氏家族得恒昌汽车代理权，徐展堂则取恒昌的粮油代理等业务。

当李嘉诚得知"备贻"的拆骨计划时，他很为三位老前辈痛心。他太了解何善衡、梁球据和何添这三位商界老前辈的心事了。

这几位老人都曾经是商场中叱咤风云的英雄，也创下了辉煌的业绩。只是年事已高，第二代又无意继承商业，不得已才有了出售的意向。

"恒昌行"是老人们的心血，是他们一生奋斗的结晶。老人出售"恒昌行"是希望它能完整地保留下来，并且将它发展壮大。这样，哪怕价格低些，都好商量。老人们不缺钱用，但无意再搏击商海。"备贻"意欲"拆骨"三分天下，恰好犯了老人们的大忌。

结果，"备贻"的收购以大股东们不满其"拆骨"行为而告终。而李嘉诚凭借其只进行善意收购的良好声誉以及顾及老人、尊重老人的谦谦君子之风，博得老人们的好感，收购顺利进行。

1992年1月，李嘉诚又爽快地接受荣智健的收购条件，将所持的恒昌股份作价15亿港币，售予荣智健。最终"恒昌行"得以完整地保留了下来，老人们的心愿得以实现。

收购，本是某种意义上的"江山易主"，李嘉诚却能做得尽善尽美，让各方人马都毫无怨言，这无疑得益于他善于为大家着想的良好品质。利益面前，他总是肯多为别人着想，这也让他的经商之路，走得更远，走得更好。

第二节　大家都有份

一、经典语录

> 有钱大家赚，别人也应该从中受益，得到好处。如果将好处全部占为己有，人家以后还怎么敢再跟我做生意嘛。
>
> ——李嘉诚

二、经典事迹

"如果一单生意只有自己赚，而对方一点不赚，这样的生意绝对不能干。"这是李嘉诚经商多年的生意真经。无论什么时候，无论与谁合作，李嘉诚都会让合作伙伴拥有足够的回报空间。共荣共享，对于利益，让大家都有份。

（一）风险我担，利益共享

1978 年，长实与会德丰洋行共同出资购得天水围的土地。第二年下半年，中资华润集团等购得其大部分股权，组建了巍城公司，决定开发天水围。巍城公司 51％的股权属中资华润集团所有，长实集团仅占股权的12.5％，为第三大股东。大股东华润集团踌躇满志，雄心勃勃，计划在 15年内将天水围建成一座可容纳 50 万人口的新城市。

当时，李嘉诚忙于收购和黄公司，并未直接参与天水围的策划。整个开发计划，都是由华润来主持的。但是，华润是国家外贸部驻港的一家贸易集团公司，当时由于缺乏地产发展经验，也不熟悉香港地产业的游戏规则。结果，计划进行不久，便遭遇了挫折。

1982 年 7 月，港府宣布动用 22.58 亿港币，收回天水围 488 万平方米的土地，而将其中的 40 万平方米作价 8 亿港币批给巍城公司，要求巍城公司在 12 年内，在这块 40 万平方米的土地上完成价值 14.58 亿港币以上的建筑，并负责清理 318 万平方米土地，以交付港府做土地储备。如果巍城公司达不到要求的话，那么这些土地及 8 亿港币都要充公。

另外，港府于 1983 年底宣布：计划投资 40 亿港币用于市政工程建设。其中，整理地盘工程预计投入 16.2 亿港币，基本建设预计投入 9.6 亿港币。港府将这两项价值 25.8 亿港币的工程批给巍城公司承包，并要求确保 15％的利润。

这样一来，华润集团兴建 50 万人口新城市的庞大计划宣告泡汤，而且已有些心灰意冷，其他股东见前景不妙，均想退出。然而，李嘉诚却没有这样做。

本着"不独利己，利益均沾"的精神，长实采取了一项看似非常冒险的决定：与华润签订协议。按该协议规定，完成这一浩大工程，风险完全由长实承担，而华润不用劳神费力，即可坐收渔翁之利。

当然，风险大，收益也大。此时，距政府规定的 12 年期限只剩下一半的时间了。但也只有长实有这样的实力可以迅速地完成如此庞大的工程。果然，工程投入兴建后，天水围大型屋村很快便矗立在了人们面前。

天水围屋村又创下了一项屋村新纪录，直到目前，天水围屋村仍然是香港最大的私人屋村。第一期发售的 7 幢，税后利润共计 10.86 亿港币，其中长实得 6.23 亿港币，华润得 4.63 亿港币。另外 7 幢，华润可赢得协议范围中的 7.52 亿港币利润，以后六期华润所分得的利润完全等于是额外所得，而长实的利润所得，更是难以估量。

在这个计划中，李嘉诚自己大赚特赚，又让陷入绝境的华润集团坐收渔利，等于是挽救了华润，从而为长实集团与中资建立良好的合作关系奠定了良好的基础。

善于为别人考虑，尽量让合作方获得利益，是李嘉诚一贯作风，并非只对中资如此。他这样做看似吃亏，实则精明，正所谓吃小亏占大便宜。他说："做事要留有余地，不把事情做绝，有钱大家赚，利润大家分享，这样才有人愿意与你合作。"

正是这样的作风让李嘉诚结交了无数商界朋友，赢得了广大股东和职员的信赖和支持，树立了崇高的形象，为他迎来了无数的财富。

（二）有钱大家赚

如果你想赚到钱，就必须让合作伙伴也赚到钱。市场经济是一个良性循环的过程，有钱大家赚，让合作伙伴得到好处，他才会愿意和你合作，并有下一次的合作，赚得更多的钱。

李嘉诚认为，做生意最重要的是互相合作，共同发展，这样才能把蛋糕做得格外大，获得更多利润。在竞争面前，李嘉诚坚持一律平等，"有钱大家赚"，他的赚钱手法十分公道，让人折服。

1972 年，李嘉诚的长江实业公司上市。有一天，李嘉诚刚开完业务会议，他的秘书洪小莲（现为长江实业董事）对他说："我们将来一定要做成最好的华资地产公司。"而李嘉诚却说："我们要做到能与香港置地较量。"

1977 年，李嘉诚实现了自己的梦想——在竞标中长江实业击败了香港置地，得到了地铁公司中环、金钟车站的兴建权。即便如此，当有人问起李嘉诚，经商这么多年以来，他最引以为荣的是什么时，他却说："并不是长江实业击败了香港置地，而是我有很多的合作伙伴，合作后，仍然会有来往。比如投资地铁公司那块地皮，是因为知道地铁公司需要资金……我们要首先想对方的利益：为什么要和我们合作？我们要说服他，跟我们合作都会有盈利。"

在李嘉诚投资地铁公司经营该地的发展权时，地铁公司高层透露：主要原因是长江实业所提交的投标书内容条件异常优厚，使得地铁公司能够拥有足够的回报空间，所以长江实业才能够脱颖而出。

我们经商做生意，都会跟别人有或多或少的合作，在与别人合作的时候，不要只考虑自己的利益，还要充分地考虑合作伙伴的利益，只有让合作伙伴有利可图，他们才愿意与你合作，并且希望有下一次合作，否则，是不会有人愿意与你合作的。

李嘉诚认为："有钱大家赚，有利大家分，这样才有人愿意和你合作。假如拿10％的股份是公正的，拿11％也可以，但是如果只拿9％的股份，财源就会滚滚来。"

李嘉诚一直秉承"有钱大家赚"的合作理念，一般来讲，凡是与李嘉诚合作过的人，大都会赚得盘满钵满。如果对方赔了，李嘉诚即使面对大好形势也不会再赚，"要赚大家一起赚，要赔大家一起赔"是他的经营理念。

第三节　我为人人，人人为我

一、经典语录

重要的是首先得把真诚赋予对方，不可斤斤计较。对方无利，自己就无利。要舍得让利，使对方得利。这样，最终会为自己带来较大收益。

——李嘉诚

二、经典事迹

经商的目的是为了赚钱，获取利润。一个浅显道理是，"将欲取之，必先予之"，只有先投资，才能有收益；只有我为他人，才能有日后的人人为我。

在生意场上，少不了与人合作，企业需要合作来优势互补，在你帮助别人的同时，自己也获益匪浅，这就是所谓的双赢。李嘉诚对此驾轻就熟，因此也能在帮与被帮中获得巨额利润。

（一）助人者，人恒助之

将欲取之，必先予之。李嘉诚心里清楚，把自己的利益与别人分享，使

对方相信你是一个真心真意帮助他人的人。反过来，他也会真心实意地帮助你。

杜辉廉是一位英国人，出身伦敦证券经纪行，是一位证券专家。20世纪70年代，英国唯高达证券公司来港发展，委任杜辉廉为驻港代表，在业务往来中他与李嘉诚惺惺相惜，结下了不解之缘。

杜辉廉是长实多次股市收购战的高参，并实际操办了长实及李嘉诚家族的股票买卖，因而被业界称为"李嘉诚的股票经纪"。但实际上杜辉廉并不是李嘉诚下属公司的董事，他多次谢绝李嘉诚邀请他担任长实董事的好意，是众管理人才中唯一不支干薪者。

但是，他绝不因为未支干薪，就拒绝参与长实股权结构、股市集资、股票投资的决策，这令重情重义的李嘉诚一直觉得欠他一份情，总想着寻机报答他。

机会终于来了，1988年底，杜辉廉与他的好友梁伯韬共创百富勤融资公司，李嘉诚当即决定帮助百富勤公司，以报答杜辉廉相助之恩。杜辉廉和梁伯韬各占百富勤公司的35％的股份，其余股份，由李嘉诚邀请包括他在内的十八路商界巨头参股。

这些商业巨头也得到过李嘉诚和杜辉廉的帮助，所以接到李嘉诚的邀请后，欣然允诺。他们都和李嘉诚一样不入局，不参政，目的仅在于助其实力，壮其声威。

在十八路商界巨头的大力协助下，百富勤公司发展势头迅猛，先后收购了广生行和泰盛公司，也分拆出另一家公司百富勤证券。杜辉廉担任这两家公司的主席。到1992年，该集团年盈利已经达到了6.68亿港币。

当百富勤集团成为商界小巨人后，李嘉诚等巨商主动摊薄自己所持的股份，其目的再明显不过了，那就是好让杜辉廉和梁伯韬两人的持股数达到绝对的安全线。

助人者，人恒助之。李嘉诚的帮助杜辉廉铭记在心，并将恩情一次次化为最实际的行动，帮助李嘉诚在股市上纵横捭阖。

20世纪90年代，李嘉诚与中资公司的多次合作，基本上都是百富勤公司担任其财务顾问。身兼两家上市公司主席的杜辉廉，仍忠贞不渝地充当李嘉诚的智囊。

因为有证券专家杜辉廉的鼎力相助，李嘉诚在股市上更是如虎添翼，挥洒自如，甚至对股市形成了强大的影响力。

李嘉诚最辉煌的战绩在股市，最能显示其超人智慧的场所也是在股市。

而被称为"李嘉诚股票经济"的杜辉廉，在其中起了不容低估的作用。李嘉诚以其真心实意回报杜辉廉，又使杜辉廉不折不扣地回报李嘉诚，充当李嘉诚的客卿。

（二）将欲取之，必先予之

1987 年 11 月 27 日，位于九龙湾的一块政府公地拍卖，因为地理位置良好，拥有极高的开发价值，房地产业界的多数大亨都参加了这块地皮的竞拍，当天李嘉诚也出现在拍卖场上。

拍卖的场面异常火暴，火药味也特别浓。一开始李嘉诚就和一位竞标者连叫两次，底价连跳两次。就在这个时候，拍卖场上响起了一个李嘉诚熟悉的声音："2.15 亿！"李嘉诚回头一看，果然是胡应湘。

胡应湘在商场上被称为"飞仔"，毕业于美国著名的普林斯顿大学土木工程系。当初李嘉诚进入房地产界的时候还请教过他，所以后来两人也一直保持着良好的合作关系。

当李嘉诚回头对胡应湘微微一笑表示招呼的时候，胡应湘也报以笑容，不过这时候地价已经被各路英雄抬高到了 2.6 亿。

李嘉诚不慌不忙地举起手叫到 3 亿，正当大家一片哗然的时候，胡应湘沉着应战，喊出了 3.55 亿港币的高价！拍卖会掀起了高潮，一时间郑裕彤等房地产界大哥级的人物也加入竞拍。

这时人们都在兴奋之中，很少有人注意到李嘉诚的得力助手周年茂悄悄地走到胡应湘的助手何炳章身边，对他一阵耳语。结果，胡应湘竟然退出竞标不再喊价。

在人们都感到意外的时候，叫价已经加到 4 亿港币，是底价的两倍了，拍卖场敏感的临界线就要到来。这时候，李嘉诚再次举起他的"擎天一指"，报出 4.95 亿港币的天价，令在场的所有人侧目。李嘉诚也终于将这块地收入怀中。

不过，令人感到惊讶的是，在拍卖会结束后，李嘉诚立刻宣布："这块地是我和胡应湘先生联合所得，将用以发展大型国际商业展览馆。"原来，这才是为什么看起来气势汹汹的胡应湘会突然退出竞标的原因。

后来，有房地产分析专家评论说：据估计，李嘉诚在拍卖前就将此块公地的最高竞标价定为 5 亿港币，这个价格同时也应该是其他所有人心里的最高价。虽然看似出价很高，而且他决定和胡应湘共享利益，但是李嘉诚在这中间还是能够获得丰厚的利润。

李嘉诚之所以以利益共享的条件来请胡应湘停止竞价，还是因为他在竞投的时候做了长远的打算。分出一点利益给胡应湘，以防止他和自己继续在较量中抬高价格，这一招给李嘉诚留下了很大的回旋余地。

这不仅能帮助李嘉诚在预期的价格之内竞标成功，将发展空间巨大的公地揽入怀中，而且他在与胡应湘分享利益的同时，又在拍卖场上化敌为友，为自己的将来多留下来一条后路。所以，像李嘉诚这样懂得"将欲取之，必先予之"的策略，分一些利益给别人，确实非常重要。

（三）与对手做朋友

众所周知，李嘉诚和李兆基是形影不离的高尔夫球友。但是，就是这两个朋友之间，也曾展开过几乎是你死我活的商业竞争。

李嘉诚的长实与李兆基的恒基，在新界马鞍山均有大型商居楼盘，长实的叫海怡花园，恒基的叫新港城，两个楼盘群仅隔一条马路。

较量的第一回合，始于 1994 年底，李嘉诚先声夺人，减价推出海怡花园，短时期就卖出 800 余个单元，致使李兆基的新港城顾客锐减。李兆基急忙还招，也来个减价售楼。

尽管二人在商场上彼此厮杀，毫不客气，但是并没有影响彼此间的关系，二人仍然形影不离，共享友情之乐。

（四）竞争＋联合＝战无不胜

李嘉诚指出，现代经济的发展已进入了一个新阶段，在这个阶段中，企业间的竞争关系已较过去有所不同。

李嘉诚认为，同行企业间存在着竞争关系，为了取得市场竞争的胜利，或为了维护现有市场使企业生存下去，有必要与同行其他一些企业搞互利互助的联盟，这样可以增加力量，有利于在市场中战胜强大的对手。

同时当竞争对手几个企业结成力量较强的联盟时，亦可与其中一些企业搞好关系，对不同的企业可采取不同的方针、对策，使对手们不至于步调统一全力与我方企业竞争，甚至可使对手之间彼此竞争。

因此，在进入 80 年代之后，李嘉诚经常联合香港及新加坡、马来西亚的华资集团，统一向占据香港大部江山的英资集团发起商战，这一策略的成功运用使得香港的英资集团不得不节节败退。

合则两利，分则两害。李嘉诚拥有大商人的智慧，明白"小利不舍，大利不来"的道理，正如他自己所说的那样经常"吃小亏占大便宜"，事实也的确如此，当事业有发展的时候，应懂得让别人分享利益。对方分享了利益，当有了好机会，自然会先想到你，我为人人，才能人人为我。

第四节　在微笑中签字

一、经典语录

我喜欢友善交易，这是我的哲学。

——李嘉诚

二、经典事迹

商人求财，以和为贵。风华少年的血气之勇，为商人所不屑。商人要笑脸迎客，用脑不用力，和气生财是商人必须谨守的商业本质。

（一）与人为善

"不为五斗米折腰的人，在哪里都有。你千万别伤害别人的尊严，尊严是非常脆弱的，经不起任何的伤害。"李嘉诚如是说。

善待他人，是李嘉诚一贯的处世态度，即使对竞争对手亦是如此。商场充满尔虞我诈、弱肉强食，能做到这一点，不少人认为是不可能的事。

然而李嘉诚在与人合作时，却总是能够尽可能地尊重别人，努力地做到与人为善，这不仅使他获得了别人的喜欢，还为他带来了无穷无尽的财富。

香港广告界著名人士林燕妮对此更有深切体会。她曾主持广告公司，与长实有业务往来。广告市场是买方市场，只有广告商有求于客户，而客户丝毫不用担心有广告无人做。这样就自然会助长客户尤其是像长实这样的大客户颐指气使、盛气凌人的气焰。

林燕妮回忆道："头一遭去华人行的长江总部商谈，李嘉诚十分客气，预先派了穿长江制服的男服务员在地下电梯门口等我们，招呼我们上去。

"电梯上不了顶楼，踏进了长江大厦办公厅，便更换了个穿着制服的服务员陪着我们拾级步上顶楼，李先生在那儿等我们。

"那天下雨，我的一身雨水湿淋淋的，李先生见了，便帮我脱下外衣，他亲手接过，亲手替我挂上，不劳服务员之手。"

双方做了第一单广告业务后，彼此信任，李嘉诚便减少参与广告事宜，由洪小莲出面商谈下一步的售楼广告。

"有时开会，李先生偶尔会探头进来，客气地说：'不要烦人太多呀！'

"我们当然说：'愈烦得多愈好啦，不烦我们的话，不是没生意做？'……"

李嘉诚的与人为善和平易近人的态度令林燕妮很是佩服和敬重，作为一个大型集团公司的董事长，对待一个广告公司的人员如此的客气，这不是一般人所能做到的。

加拿大名记者 John Demont 对李嘉诚的为人和善也是赞叹不已："李嘉诚这个人不简单。如果有摄影师想为他造型摄像，他是乐于听任摆布的。他会把手放在大地球模型上，侧身向前摆个姿势……"

李嘉诚的"与人为善"，更多的是他所受的传统文化的熏陶，以及父母对他的谆谆教诲。而重要的是，李嘉诚将他与人为善的哲学真正落实下来，并坚持下来了。

孟子说："君子莫大乎与人为善。"其实，与人为善就是善待他人，在与人合作的过程中，像李嘉诚一样善待别人，帮助别人，这样才能处理好与各种各样的人之间的关系，才能够获得愉快的合作。

（二）和平交易，收购港灯

香港电灯有限公司（港灯）于 1889 年 1 月 24 日注册成立，是香港第二大电力集团，也是香港十大英资上市公司之一，90 余年来，一直是独立的公众持股公司。

港灯收入稳定，加之港府正准备出台"鼓励用电的收费制"（用电量愈多愈便宜），港灯的供电量将会有大的增长，盈利自会递增。用电就像人要吃饭一样，经济的盛衰，都不会对电业造成太大的影响。

港灯是一块大肥肉，惹人垂涎，怡和、长江、佳宁等集团都有觊觎之意。

这一时期，在海外投资回报不佳的怡和系置地，卷土重来，以高出市价

31％的条件，顺利完成对港灯的收购。

李嘉诚也想要港灯，但他知道如果硬与置地拼消耗，只能两败俱伤。以退为进，避免正面交锋，是李嘉诚一贯的扩张战术。所以李嘉诚按兵不动，静观形势。

置地在本港的急速扩张，耗尽其现金资源，还向银团大笔贷款，负债额高达160亿港元。

置地陷入困境之时，李嘉诚决定从置地手中夺得港灯。在方式上，李嘉诚奉行"将烽火消弭于杯酒之间"的战略，主张以谈判的温和方法购得。

李嘉诚已经向怡和表示过欲购港灯的意向，现在他不再做出任何表示，他有足够的耐心等待事情的发展。

第95期《信报月刊》描绘道：

"1985年1月21日（星期一）傍晚7时，中环很多办公室已人去楼空，街上人潮及车龙亦早已散去；不过，置地公司的主脑仍为高筑的债台伤透脑筋，派员前往长江实业兼和记黄埔公司主席李嘉诚的办公室，商计转让港灯股权问题，大约16小时之后，和黄决定斥资29亿元现金收购置地持有的34.6％港灯股权，这是中英会谈结束后，香港股市首宗大规模收购事件。"

未过35％的线，故不必全面收购。因是"和平交易"，不会出现反收购。和黄实际上已完全控制港灯。李嘉诚控得港灯，委派港灯控股母公司和黄行政总裁马世民，出任港灯董事局主席。

20世纪90年代，马世民谈起港灯的收购，仍对李嘉诚称道不已。

"李嘉诚综合了中式和欧美经商方面的优点。一如欧美商人，李嘉诚全面分析了收购目标。然后握一握手就落实了交易，这是东方式的经商方式，干脆利落。

"在资产的扩张中，李嘉诚的管理术真是高明之至。他看好港灯的潜质意欲收购，没想到老对手置地也看好港灯，跑出来与他作对。置地势力强大，手脚又快，此时，李嘉诚冷静分析两家情况，采取了避开置地，避免两败俱伤的策略，保存了实力。"

的确高明，李嘉诚没用一兵一卒就用和平的手段，将炙手可热的港灯收购到手，正如他自己所说的："我喜欢友善交易，这是我的哲学。"李嘉诚一直秉承着自己的这个哲学，而事实证明，李嘉诚的这个哲学真的很管用。

（三）微笑软收购

纵观李嘉诚的整个发家史，实际上很大程度上就是企业的收购扩张史。

在李嘉诚主持的每一次庞大的收购行动中，几乎都是采取"软"收购，并且真正做到了兵不血刃，这特别表现在收购永高公司、和记黄埔、青州英泥、港灯等公司。

李嘉诚的收购行动，始终都是以股东的利益为前提条件，以合理、双方皆大欢喜为出发点，而进行友善的收购。

1979年，李嘉诚从汇丰银行手里购得老牌英资财团和记黄埔九千万普通股，获得和黄22.4％的股份，被和记黄埔董事局吸收为执行董事。

当时在香港的华商港商中，有人持这样的观点："李嘉诚是靠汇丰的宠爱，而轻而易举购得和黄的，他未必就有本事能管理好如此庞大的老牌银行。"

当时英文《南华早报》和《虎报》的外籍记者，也一再追问汇丰老板沈弼："为什么要选择李嘉诚接管和黄？"沈弼回答说："长江实业今年来成绩良佳，声誉又好，而和黄的业务脱离1975年的困境踏上轨道后，现在已有一定的成就。汇丰在此时售和黄股份是顺理成章的。"

李嘉诚作为和黄控股权最大的股东，完全可以行使自己所控的股权，为自己出任董事局主席效力。但他没有这样做。

他出任董事局主席，是众股东推选产生的。董事局为他开出丰厚的董事袍金，李嘉诚表示不接受。他为和黄公差考察、待客应酬，都是自掏腰包，而不在和黄财务上报账。因此，他很快获得众董事和管理层的好感和信任。在决策会议上，李嘉诚总是以商议的口气发言，但实际上，他的建议就是决策，众人自然而然都会信任他。

李嘉诚小利全让，大利不放。随着和黄公司的盈利日益丰厚，李嘉诚的红利相应增多。同时，他一面又在加紧增购和黄的股份，不断地"鲸吞"和黄。李嘉诚收购和黄的事，在民间流传了一副对联："高人高手高招，超人超智超福。"从此，李嘉诚"超人"之称，在民间不胫而走。

李嘉诚用他的商业经历不断印证着这样一个事实："在微笑中签字，用和平的方式，更能收获人心，更能赚钱，经商之路也会走的更远。"

第七章　他这样建设团队

港人喜欢把李嘉诚称为"超人"，李嘉诚却说："我不算什么超人，我都是靠了我的团队。"

尽管历代管理者常有"千里马常有而伯乐不常有"的感叹，李嘉诚却仿佛具有九方皋相马的慧眼。李嘉诚正是因为极为高明地辨识和使用了众多的"千里马"，他指挥的高速前进的商业巨舰，才驰骋商场几十年而无坚不摧、无往不胜。

谈到自己的团队，李嘉诚不无骄傲之情。他说："没有他们就没有'长实—和黄'的今天，也没有我的今天。我衷心的感谢我的员工。如果你想知道我的公司为什么这么赚钱，请去问我的员工吧。在那里，你会得到你想要的答案。"

从学徒到华人首富，从塑料花大王到"长实—和黄"商业帝国掌舵人，人们永远记得华人首富李嘉诚的名字，却不知道在首富这个称号的背后，站着一群智慧、勤奋、业务素质一流的团队。在几十年的经商过程中，李嘉诚正是靠着手下这批精明强干的"虎将"，逐步建立起全球范围内首屈一指的商业帝国。

面对成功，李嘉诚说："一个具有合理智力结构的决策者，不仅能使每个人人尽其才，而且通过有效的结构组合，迸发出巨大的集体能量。"

第一节　不拘一格用人才

一、经典语录

　　成功的管理者都应是伯乐，伯乐的责任不仅在于甄选、延揽"比他更聪明的人才"，绝对不能挑选名气大却妄自标榜的企业明星。

——李嘉诚

二、经典事迹

　　做领导说难也难，说容易也容易。如果一个领导善于发现人才，使用人才，那就很容易；反之，就很难。这句话，往大的说，对于一个国家如此；往小的说，对一个企业还是如此。

　　李嘉诚由一个卑微的打工仔，成为香港首富；长江由一间破旧不堪的小厂，成为庞大的跨国集团公司，李嘉诚的巨大成功，除了其"超人之术"外，还得助于他的"用人之道"。对此，李嘉诚说："我奉行的宗旨是唯才是用。"他又强调，"最重要的也是最根本的是知人善任。"

（一）不同时期用不同人

　　李嘉诚曾说过："我做生意一直抱定一个信念，不靠投机取巧，而靠自己的一帮有才能的人。"

　　白手起家的李嘉诚，在其长江实业集团发展到一定规模时，就敏锐地意识到，企业要发展，人才是关键。

　　一个企业的发展在不同的阶段需要有不同的管理人才和专业人才，而他当时的企业所面临的人才困境较为严重。由于当时所处时代和社会环境等综合因素的影响，长实的工人普遍文化程度不高，大多数只有小学程度的文化，技术人才、管理人才更是奇缺。

　　创业伊始，李嘉诚选用忠心耿耿、埋头苦干的人才。他宁损自己也不亏员工，留人先留心，这使员工具有极大的积极性，从而企业也具有很强的活力。

然而，企业发展壮大后，老员工知识和业务技能就不能适应企业的发展了。面对越来越激烈的商业竞争，要靠这样一支队伍创造佳绩显然是不可能的，尤其是公司员工的年龄结构和知识结构方面存在较大问题，具体表现在员工年龄偏大，活力不足，知识结构陈旧，跟不上时代的潮流。

这样的人才处境，严重制约了公司经济的发展。

为此，李嘉诚克服重重阻力，劝退了一批当初一起帮他打天下的"难兄难弟"、公司里的元老级的人物，果断起用了一批年轻有为的专业人员，为集团的发展注入了新鲜血液。与此同时，他制定了若干用人措施，诸如开办夜校培训在职工人，选送有培养前途的年轻人出国深造，而他自己也专门请了家庭教师学习专业知识、自学英语。

李嘉诚谈到用人之道时说："创业之初，忠心苦干的左右手，可以帮助富豪'起家'，但元老重臣并不都能跟得上形势。到了某一个阶段，倘若企业家要在事业上再往前跨进一步，他便难免要向外招揽人才，一方面以补元老们胸襟见识上的不足，另一方面是利用有专才的干部，推动企业进一步发展。故此，一个富豪便往往需要任用不同的人才……"

在长实管理层的后起之秀中，最引人注目的要数霍建宁。霍建宁毕业于香港名校香港大学，随后赴美深造，1979 年学成回港，被李嘉诚招至旗下，出任长实会计主任。他业余进修，考取英联邦澳洲的特许会计师资格（凭此证可去任何英联邦国家与地区做专业会计师）。李嘉诚很赏识他的才学，1985 年委任他为长实董事，两年后提升他为集团董事副经理。那一年，霍建宁才 35 岁，如此年轻就任本港最大集团的要职，在香港实为罕见。

传媒称霍建宁是一个"浑身长满赚钱细胞的人"。长实全系的重大投资安排、股票发行、银行贷款、债券兑换等，都由霍建宁策划或参与抉择。这些项目，动辄涉及数十亿资金，亏与盈都在于最终决策。从李嘉诚如此器重他，便可知他做出的决策使长实集团盈大亏少。

霍建宁的年薪和董事袍金，以及非经常性收入如优惠股票等，在 1000万港元以上，人称"霍氏是本港食脑族（靠智慧吃饭）中的大富翁"，这皆因他的点子"物有所值"以及李嘉诚的慧眼识珠。

霍建宁、周年茂、洪小莲，被称为长实系新型三驾马车。洪小莲年龄也不算大，她全面负责楼宇销售时，还不到 40 岁。

20 世纪 80 年代中期，长实管理层基本实现了新老交替，各部门负责人，大都是 30 到 40 岁的少壮派。周年茂说："长实内部新一代与上一代管理人的目标无矛盾，而且上一代的一套并无不妥，有辉煌的战绩可凭。"

当长实发展到一个新时期，劝退老员工，使用年轻人，这使得长实锐意进取，更富于活力。

（二）发挥人才特长

精于用人之道的李嘉诚深知，不仅要在企业发展的不同阶段大胆起用不同才能的人，而且要在企业发展的同一阶段注重发挥人才特长，恰当合理运用不同才能的人。因此，他的智囊团里既有朝气蓬勃、精明强干的年轻人，又有一批老谋深算的"谋士"。

在总结用人心得时，李嘉诚曾形象地说："大部分人都有长处和短处，需以各尽所能、各得所需、以量材而用为原则。这就像一部机器，假如主要的机件需要用五百匹马力去发动，虽然半匹马力与五百匹相比小得多，但也能发挥其部分作用。"李嘉诚这一番话极为透彻地点出了用人之道的关键所在。

李嘉诚的长实集团，人才济济，他们都是属于不同领域的人才，各有所长。李嘉诚根据他们不同的能力让他们负责不同的领域。

例如：杜辉廉，李嘉诚谋事决策的成功，得益于这位顶尖智囊、高参、谋士的长期忠贞不渝地合作。杜辉廉是一位精通证券业务的专家，被业界称为"李嘉诚的股票经纪"，备受李嘉诚青睐和赏识。杜辉廉几乎全部参与长实系股权结构、股市集资、股票投资的决策。

李践，李嘉诚旗下香港 TOM 户外传媒集团总裁；美国檀香山大学企业管理博士、高级经济师；中山大学 EMBA、"赢利模式研究所"特聘教授。李践善于企业管理，而长实这样的大公司，恰恰为其提供了广阔的舞台，使其能够发挥自己的长处。

霍建宁，1979 年霍建宁加入长江实业。他在金融财务方面具有卓越的才干，工作作风踏实，深得李嘉诚的信赖和栽培，于是一路晋升，1993 年登上和记黄埔总经理之位。和记黄埔是一家业务遍布全球的大型跨国企业，但当时正处于低谷。

有人形容当时的"和黄"是个"烫手的山芋"，因为在 80 年代后期，受海外业务亏损的拖累，和黄的股价长期走低。但当霍建宁接手后，通过不断重组，很快将业务扭亏为盈。其后，他又借助赫斯基石油的良好表现，在加拿大借壳上市，为集团盈利 65 亿港元。此外，他又接手处理亏损多年的欧洲电讯业务，运用高超的资本运作技巧，再次扭亏为盈，为集团盈利超过 1600 亿港元，创造了全球商业界的一个神话。

李嘉诚曾说："假如今日，如果没有那么多人替我办事，我就算有三头六臂，也没有办法应付那么多的事情。"上面几个人才的使用，均反映出李嘉诚精明的用人之道。

第二节 下放一些权力

一、经典语录

用人是管理机制的核心，而要做到"人尽其才，才尽其用"，激励是关键；但要真正"激活人"，其实质是要建立一个高效的激励机制。

——李嘉诚

二、经典事迹

李嘉诚对人才的重视不仅体现在广纳贤才，还体现在给予人才足够的施展空间。李嘉诚常说："人才招揽进来就是为了发挥他们的才干，如果放在一边不用，就像食物放久了就会发霉一样。"在他看来，凡事不可亲力亲为，要懂得重用才俊，惟其如此，才能使雇佣双方都得到更广阔的发展空间。

"一个公司需要员工共同努力，才能完成发展公司的大业。就如在战场，每个战斗单位都有其作用，而主帅未必对每一种武器的操作比士兵成熟，但最重要的是首领应非常清楚每种武器及每个部队所能发挥的作用——统帅只有明白整个局面，才能做出出色的统筹并指挥下属，使他们充分发挥最大的长处以及取得最好的效果。"李嘉诚意味深长地说。

（一）指挥千军万马不如指挥一人

有一句关于领导艺术的话说得很精辟："指挥千人不如指挥百人，指挥百人不如指挥十人，指挥十人不如指挥一人。"指挥一人，就是抓某一部门的主要负责人。当然，对集团的重大决策，自然还得主帅亲自出马。

李嘉诚任用俊才，把自己从事无巨细一把抓的初级阶段释放了出来，得以将主要精力放到了事关全局的重大决策上。

长江的地产发展有了周年茂，财务策划又有了霍建宁，楼宇销售方面则有一名女将洪小莲。此前这些工作全部都是由李嘉诚一手包办的，每件事都要亲力亲为。而现在，李嘉诚实现了角色换位，由管事型领导变成了管人型领导。

可以这样说，在20世纪80年代初，李嘉诚每投资一家公司，就要将其控制并做它的主席。从80年代末起，他已没有多少大规模的收购计划了，而较偏重于股票投资。他的集团实在太庞大了，他的精力智力都不足以同时管理多家大型公司。他只有通过债券、股票投资，利用富有进取心的商家为他赚钱生利。这样，虽不如自己投资自己经营获利大，但却比较省事。

从重用旧部下之子周年茂上，可以看出李嘉诚的确很念旧，以至爱屋及乌。不过，更重要的一点是，他看重的是能力而不是背景，假设周年茂只是一个扶不起的阿斗，那李嘉诚决不会如此重用他。

洪小莲在20世纪60年代末期，长江未上市时，就跟随李嘉诚任其秘书，后来又任长实董事。洪小莲是长实出名的"靓女"，人长得靓，风度好，待人热情。

长江总部虽不到200人，却是个超级商业帝国。每年为它工作与服务的人，数以万计。长江集团资产市值在高峰期达2000多亿港元，业务往来跨越大半个地球。日常的大小事务，千头万绪，往往都要到洪小莲这里汇总。

洪小莲的工作作风颇似李嘉诚，不但勤奋过人还是个彻底的务实派。就连面试一名信差、准备会议所需的饮料、安排境外客户下榻的酒店房间等琐事，她都要亲自过问。要处理日益庞杂的事务，没有旺盛的体力、精力、智力，没有日理万机的工作效率，是不可能的。

李嘉诚敢于将权力下放给年轻人，使长实富于活力，而他让三个年轻人组成自己集团的"三驾马车"，更是达到了用人之道的高级境界。

汉高祖刘邦曾经这样总结他从一介平民成为大汉王朝开国皇帝的原因："运筹帷幄之中，决胜千里之外，我不如张子房；筹集钱粮，保证大军的物质供应，我不如萧何；指挥军队，战必胜，攻必取，我不如韩信。这三个人，都是人中的英杰，但是我能用他们，这就是我为什么能够夺取天下。"

李嘉诚的用人之道，与刘邦有着异曲同工之妙，这就是他能够开创自己商业帝国的原因。

（二）用人不疑

李嘉诚用人的原则是"用人不疑，疑人不用"。一旦起用，李嘉诚就会给予对方充分的信任，使其能够放手去干，充分发挥自己的才干。

李嘉诚重用袁天凡，就是一个很好的例子。

袁天凡1952年出生于上海，5岁时到香港，后来在美国最有名的经济系——芝加哥大学经济系读书。

1976年，袁天凡大学毕业回香港，在香港中文大学任教，一年之后，他跳槽至汇丰旗下的获多利债券部工作。在获多利工作的8年中，他从债券部进入财务部。1985年离开前，他已成为集团的财务部主管。

离开获多利后，袁天凡出任唯高达董事总经理，参与全球证券业务工作，又在1988年出任联交所行政总裁一职。李嘉诚多次诚邀袁天凡加盟长实和黄集团，但袁天凡均婉谢不受。但出人意料地，袁天凡于1996年出任盈科（李泽楷创办的公司）亚洲拓展的副总经理。李泽楷，对袁天凡尊敬有加，言听计从。

1996年，当李泽楷要大搞高科技时，李嘉诚亲自请他协助儿子打江山。李嘉诚对他说："你尽管放手去做。后面有我顶着。万一失败了有我承担。"那个时候，袁天凡才刚刚加入李泽楷的公司不久，但是李嘉诚却给予他充分的信任。

李泽楷的盈动公司上市，并没有太大的困难，只是需要按正常程序申请。时值全球科技股大热，作为杰出的投资银行家，袁天凡知道机不可失，时不再来，他决定采取最快捷的方式——找一个"仙士股"借壳上市。

所谓"仙士股"，就是由于经营不良、资产太少或业绩太差，股价已跌到几分钱的股票。1997年金融风暴之后，香港股市这种"仙士股"俯拾皆是。

袁天凡把目光投向了另一位在内地和香港都不乏知名度的黄鸿年旗下的一间卖通讯器材的公司"得信佳"。1993年3月初，该公司的股价一直在四分到六分钱港元之间徘徊。选择"得信佳"的原因之一是黄鸿年也正视"得信佳"为"鸡肋"，大有"卖壳"之意，这样就避免出现竞购以及反收购的麻烦，耽误时间。

以当时"得信佳"股价水平收购，花费不足一亿港元即可，但在袁天凡和梁伯韬的策划下，李泽楷将盈科拥有的地产项目（主要是北京盈科中心）作价24.6亿港元，再加上香港数码港发展权一道无偿注入"得信佳"，未花一分钱现金就达到了目的。

"得信佳"于是更名为"盈科数码动力"。1999 年 5 月 4 日,"得信佳"复牌交易,开市仅 15 分钟,股价从停牌时的一角多,飙升到 3.22 港元,升幅高达 22.6 倍,盈动立即摇身一变成为一家市值上亿港元的巨型公司。

可以说,此役在袁天凡的指挥下,大获全胜。功劳自然是至伟,但是如果没有李嘉诚的用人胆识,恐怕袁天凡不会有机会创造这样的神话。袁天凡曾公开表示,"如果不是李氏父子,我不会为香港任何一个家族财团做。"袁天凡说,"他们(李氏父子)真的比较重视人才。"

(三)用洋人管洋人

敢用洋人管洋人,甚至让洋人参与长实的总体决策,显示了李嘉诚用人艺术的极高境界。

20 世纪 80 年代初期,香港因其殖民地的背景,一百多年来洋人歧视华人的心理一直挥之不去,经济上开始崛起的华人,仍拭不去"二等英联邦臣民"的潜意识。

20 世纪 70、80 年代起,在巨富的华商中兴起雇佣那些趾高气扬的洋人做下属之风,这在当时来说,的确是一件颇为荣耀、有点让华人扬眉吐气的事情。在李嘉诚的商业帝国中,就有相当一部分外国人受到重用。

曾有记者就此事问过李嘉诚:"你的集团,雇用了不少外籍人做你的副手,你的做法是否有表现华人的经济实力和提高华人社会地位的成分呢?"李嘉诚回答说:"我还没那样想过,我只是想,集团的利益和工作确确实实需要他们。"

20 世纪 70 年代初,李嘉诚为了从塑胶业彻底脱身投入地产业,聘任美国人埃文·莱斯尼尔任总经理,李嘉诚只参与重大事情的决策。其后,长江实业再聘任一位美国人保罗·莱昂斯为副总经理。这两位"老美"是控制最现代化塑胶生产的专家,他们掌握了最先进的塑胶生产技术。李嘉诚惟才是用,不因他们是洋人而心存疑虑,而是大胆地赋予他们实权。自然,李嘉诚给他们的报酬也远远高于他们的华人前任。

到 20 世纪 80 年代中期,李嘉诚已控有几间老牌英资企业,这样,李嘉诚旗下的洋人骤然增多。如何去管理这些洋人呢?李嘉诚想到了"以夷制夷",也就是用洋人管洋人。这并不是李嘉诚没有管理的能力,而是他基于更长远的考虑。

李嘉诚知道，这样做更利于相互间的沟通。更重要的一点，这些老牌英资企业，与欧美澳有普遍的关系，长江集团日后必定要走跨国化途径，启用洋人做"大使"，更有利于开辟国际市场与进行海外投资。他们具有血统、语言、文化等方面优势的自然优势。

事实上，李嘉诚重用这些外国人，采取用"洋人管洋人"的策略，非但没有给他带来任何麻烦，还因为文化的交融使李嘉诚的公司血液更加鲜活，更有活力。

第三节　中西合璧的用人哲学

一、经典语录

以外国人的管理方式，加上中国人的管理哲学，以及保持员工的干劲及热忱，无往而不利。

——李嘉诚

二、经典事迹

从企业的创建历史来看，李嘉诚的企业无疑是一种典型的家族企业，然而，作为家族式企业管理者的李嘉诚却采用了一种非家族式的管理模式。李嘉诚摒弃家族式管理，而采取将中西方的优点长处糅合在一起的管理机制，这是他事业成功的关键。

李嘉诚中西合璧，各采其长。比如一个项目，李嘉诚会周密调查，仔细研究——这是西方的方式；一旦确定，打一个电话或握一握手，就完成决策——这又是华商风格。可以想像到，在如今李嘉诚的长实系企业中，已经形成了一个良好的用人制度，而这个制度必将随着企业的发展而坚持下去。

（一）中西合璧

在短短的数十年时间内，李嘉诚由寄人篱下到富可敌国，不仅左右着香港经济，而且在全球经济舞台上也举足轻重。

尤其值得关注的是，李嘉诚在接受西方文明洗礼的基础上，又保持了中国传统文化的诸多品质。李嘉诚做到传统文化与西方文化的嫁接，首先在于他抛弃了传统文化中那些劣根性的东西。若是没有香港所面临的国际商业环境的冲击，李嘉诚就不可能那么迅速而彻底地超越东方家族化管理模式。

在李嘉诚的两个儿子成人之前，他没有安排任何一个亲属到公司里工作。他一开始就超越了任人唯亲的做法，广泛地聚集全世界的人才。李嘉诚的公司分布在50多个国家，有几十万名员工，其中包括为数众多的外国人。长江实业与和记黄埔完全是在职业经理人的运作之下，这些职业经理人，特别是外国职业经理人把西方先进的管理经验带进公司，对李嘉诚商业帝国的持续成功起到了决定性的作用。

李嘉诚能够完全抛弃中国传统文化中以血缘为纽带的狭隘观念，这对华人来说实为难能可贵。李嘉诚认为，亲信并不等于亲人。他说："在我公司服务多年的行政人员，有的已工作了很多年，有些更长达30年，什么国籍都有。无论是什么国籍，只要在工作上有表现，对公司忠诚，有归属感，经过一段时间的努力和考验，就能成为公司的核心成员。"李嘉诚的亲信观，无疑受到了西方文化的深刻影响。

因此，李嘉诚自己曾经强调：事实上我是依靠西方管理的模式，不然也难发展到52个国家。但是其中做人的道理，因为我自己是中国人，所以我们保留我们中国好的文化，这个人情味永远都是存在的。

李嘉诚说得清清楚楚，他是"保留我们中国好的文化"。这就意味着，他同时也抛弃了许多"不好的中国文化"，从而做到了中西文化的结合。事实上，在现代市场经济中，传统文化对李嘉诚的影响，更多的是在为人处世方面，如孝道、自尊、勤劳、本分、沉稳等。

（二）重用"洋客卿"

李嘉诚的用人之道非常高明。他少年时，曾听父亲讲过战国孟尝君的故事，深知孟尝君能成大事，多亏了"客卿"的帮助。因此，他在创业过程中，不断拉拢"客卿"，最终成就宏业。

创业之初，忠心苦干的"左右手"，使长江实业在20世纪80年代得以急速扩展及壮大。但是股价由1984年的6港元，升到90港元（抛开通货膨胀）；这也和李嘉诚不断提拔年轻得力的新"左右手"有很大关系。

一开始，李嘉诚就聘用了不少"洋人"。

马世民，英国人，1940 年生。年轻时曾加入法国外籍兵团当雇佣兵，一直过着贫寒的生活。26 岁来到香港后，靠打工为生。一次他到长实公司推销冷气机，表示要见李嘉诚。虽然李嘉诚一般不过问此类业务，但马世民却一再坚持要求一见。他的倔强吸引了李嘉诚，这次偶然的接触，彼此间留下了相见恨晚的深刻印象。后来时机成熟，李嘉诚不惜重金收购了马世民创办的 Davenham 工程顾问公司，延揽了马世民这位不可多得的人才。加入和黄集团后，马世民迎来了人生中的重大转机，因工作出色，不断受到提拔，1984 年被提升为集团董事总经理，主要负责和黄属下货柜码头、电讯、港灯及零售贸易等业务。他还出任嘉宏与香港电灯公司的主席。

埃文·莱斯尼尔，美国人，曾被李嘉诚高薪聘请为总经理，负责日常行政；而李嘉诚自己则出任主席兼总经理，只参与公司重大的决策和重要的业务决定。

麦理思，英国人，毕业于著名的剑桥大学经济系，曾为长实董事局副主席。1979 年，麦理思正式加盟"长实"，与本港洋行和境外财团打交道，多由麦理思出面。李嘉诚器重他，不仅看重他的英国血统、名校文凭，更看重他是个优秀的经济管理专家。

李嘉诚入主和黄洋行，麦理思离职后，李嘉诚提升李察信为行政总裁。

另外，青州英泥行政总裁布鲁嘉也是英国人。

在李嘉诚的公司，人才的国际化不断的显示出波澜壮阔之势。这些国际性的人才，四面出击，为公司开疆辟土，屡创辉煌。李嘉诚曾高兴地对记者说："你们不要老提我，我算什么超人，是大家同心协力的结果。我身边有 300 员虎将，其中 100 人是外国人。"

第四节　亲人不一定是亲信

一、经典语录

我老在说一句话，亲人并不一定就是亲信。一个人你要跟他相处，日子久了，你觉得他的思路跟你一样是正确的，那就应该信任他；你交给他的每一项重要工作，他都会做，这个人就可以做你的亲信。

——李嘉诚

二、经典事迹

李嘉诚经常告诉自己的高级管理人员："唯才是用，必兴企业；唯亲是用，必损事业。"在李嘉诚的公司里，既有他的亲戚，也有他的朋友，还有很多公司管理人员的子女，但不是每个人都能得到李嘉诚的重用。想在公司谋得一官半职，不是靠关系，凭借的是真正实力。有能力的人自然会被重用，业绩平平的人随时面临被开除的危险。

（一）任人唯贤，不论亲疏

在人才使用和管理上，李嘉诚深知，家族式管理会将许许多多的优秀人才拒之门外。这样的管理，也许凭创业者的杰出才华可以一世显赫，但很难维持第二代辉煌，更难达到像怡和等一些具有先进管理制度的家族事业的百年兴盛。

李嘉诚常说："唯亲是用，是家族式管理的习惯做法，这无疑表示，对外人不信任。"20世纪80年代内地开放后，不少潮州老家的侄辈亲友要求来李嘉诚的公司做事，遭到他婉拒。现在虽然在长实系有他的亲戚，更有他的老乡，但他们都没因这层关系而获得任何照顾。

李嘉诚选用人才从来不设限，不管是中国人还是外国人，不论男女，只要是人才，都会得到重用。一个优秀的企业家一定得拥有"不拘小节找人才"的胆略。因此在李嘉诚的公司可以看到外国人位居要职，也能看到很多位居高位的是女性管理者。

李嘉诚用国际化的视野，雇用一大批国际化的人才，打造一个国际化的公司。尤其为了尽快地与国际接轨，他还聘请外国人担任公司的总经理，并且委以重任。正是因为这批外国主管的协助，李嘉诚在开拓国际业务上才能远远地将对手甩在身后。

李嘉诚在对待两个孩子方面也体现了他一贯的用人观。李泽钜和李泽楷先后以优异的成绩从斯坦福大学毕业后，想在父亲的公司工作，却被李嘉诚果断地拒绝了。"我的公司不需要你们！你们还是自己去打江山吧，用实际的工作表现来证明你们是否有到我公司上班的资格。"于是兄弟俩决心用实际行动证明给父亲看，分别进入了房地产和投资银行打拼，克服常人难以想象的困难，都在自己的领域取得不俗的业绩，成了商界出类拔萃的人物，李嘉诚这才让他们到公司上班。

有过必罚，不论亲疏。在这一点上，李嘉诚先生表现出其他企业家很难具备的品质。公司里，不论是谁，哪怕是曾经跟着自己打天下的出生入死的兄弟，甚至是自己的好朋友，只要是违背了公司的规定，都要依照公司规定，予以相应的惩罚。

例如，在"长实—和黄"里，曾有一位元老级的人物，不顾公司的规定，将自己的亲朋招进公司里来，严重扰乱了公司的用人制度，造成了极坏的影响。李嘉诚得知后，坚决要处理这名老员工。当时很多人为他求情，但是李嘉诚不为所动，他说："无论任何时候公司的纪律是不能坏的，在公司里哪怕是自己的儿子违法了纪律，也绝不饶恕。"

"任人唯贤，知人善任，既严格要求，又宽厚待人。"香港作家何文翔曾这样评论道，"李嘉诚成功的关键，是他融会了中西文化的精华，采用了西方先进的管理方式。"

（二）唯才是举，唯才是用

20世纪80年代中期，长实管理层基本实现了新老交替，各部门负责人大都是三四十岁的少壮派。

香港人说，长江的地产发展有周年茂，财务策划有霍建宁，楼宇销售则有女将洪小莲。霍建宁、周年茂、洪小莲，被称为长实系新型三驾马车。

虽然这三人都是李嘉诚提拔的新人，但有人说周年茂一帆风顺，飞黄腾达，是得其父的荫庇。

周年茂的父亲是长江的元勋周千和。周年茂还在学生时代，李嘉诚就把他作为长实未来的专业人士培养，与其父一道送他赴外国专修法律。周年茂回港即进长实，李嘉诚指定他为公司发言人。两年后的1983年他即被选为长实董事，1985年后与其父周千和一道升为董事副总经理。周年茂任此要职的年龄比霍建宁还小，才30出头。

周年茂之所以成为长实的青年才俊，与霍建宁任同等高职，有人说是因为李嘉诚是个很念旧的主人，为感老臣子的犬马之劳，故而"爱屋及乌"。周年茂的"高升"，不能说与李嘉诚的关照毫无关系，但最主要的，还是周年茂的实力。据长实的职员说："讲那样话的人，实在不了解我们老板，对碌碌无为之人，管他三亲六戚，老板一个都不要。年茂年纪虽轻，可是个有本事的青年呀！"

周年茂于 1983 年当长江实业董事，1985 年升为副总经理，主要负责长实的地产发展。长实参与香港政府的土地拍卖时，一般都是由周年茂出马，较大规模的投资项目，李嘉诚才会亲自压阵。

数年前周年茂自立门户发展地产。周年茂任副总经理，是顶移居加拿大的盛颂声的缺——负责长实系的地产发展。茶果岭丽港城、蓝田汇景花园、鸭脷洲海怡半岛、天水围的嘉湖花园等大型住宅屋村发展，都是由他具体策划落实的。他肩负的责任比盛颂声还大。他不负众望，得到公司上下"雏凤清于老凤声"的好评。

长实参与政府官地的拍卖，原本由李嘉诚一手包揽，但人们常能见到的长实代表，是一张文质彬彬的年轻面孔——周年茂，只有在金额太大时李嘉诚才亲自出马。周年茂外表像书生，却有大将风范，临阵不乱，该竞该弃，都能较好把握分寸，令李嘉诚感到放心。

唯才是举，这才是李嘉诚重用周年茂的原因。

（三）对人才心怀尊重

尊重人才、善于用人，才能够团结人，凝聚人心。李嘉诚认为："争天下者必先争人，取市场者必先取人。"企业盛衰的决定因素是企业人才，企业的竞争归根到底还是企业人才的竞争。

李嘉诚的公司是全球最吸引人才、最有利于人才发展、最能留住人才的公司。李嘉诚认为："公司的首要任务就是寻找致力于商业的人才，不管这样的人生活在何处，公司都要将他们网罗至旗下。"

"无论企业的领导多么出色，都不是全才，需要有一批杰出的人才在其周围担任高级管理和经营职位，因此要尊重员工、重视员工、知人善任、树立人本意识，充分激发和调动员工的积极性和创造性，发现和挖掘人的潜质并加以培养和使用，使员工的个人发展和企业的发展融为一体，实现人才资源的优化配置。"李嘉诚不止一次地强调。

李嘉诚无疑是一个成功的商人，但是从另一个角度说，他也是一个平和而善良的人。大凡人有了钱就总难免对他人不够尊重，但是在李嘉诚的眼里，人才是最值得尊重的。他不但尊重自己公司的人才，而且对一切有才之士都非常的尊重。甚至对于与自己公司毫不相干的知识分子，也予以充分的尊敬。

1989 年 11 月，李嘉诚听说汕大医学院一位年逾 7 旬的老教授，因为不够文件上规定的高干病房的入住条件，在没有得到最好的治疗的情况下去世，心里非常难过。在汕大医学院图书室里，在汕大校长、医学院院长、汕头市委书记在场的座谈会上，李嘉诚激动地说："一个国家，一个民族，关键是教育、医疗，这是国家的根。就像花一样，根扎得愈深，花开得愈好。"

有人总结说，李嘉诚的成功是因为在他周围聚集了一大批志同道合、才华横溢的商界英才。在长江实业发展具有一定规模之后，李嘉诚便开始着手选拔人才和发掘人才。

李嘉诚打破东方家族式管理企业的传统格局，构架了一个拥有一流专业水准和超前意识而且组织严密的现代化"内阁"，来配合他苦心经营起来的庞大的李氏王国。正如一家评论杂志所称："李嘉诚这个内阁，既结合了老、中、青的优点，又兼备中西方色彩，是一个成效极佳的合作模式。"

第五节　不做老板做领袖

一、经典语录

聪明的管理者专注研究精算出的是支点的位置，支点的正确无误才是结果的核心。

——李嘉诚

二、经典事迹

李嘉诚说："我常常问我自己，你是想当一个团队的老板还是领袖？一般而言，做老板，简单；你的权力主要来自地位之便，这可来自上天的缘分或凭仗你的努力和专业的知识。做领袖，较为复杂；你的力量源自人性的魅力和号召力。要做一个成功的管理者，态度与能力一样重要。领袖领导众人，促动别人自觉、甘心卖力；老板只懂支配众人，让别人感到渺小。"

因此，李嘉诚从来不让自己的目标止于当一个老板，而是努力成为领袖。领袖意味着要拥有战略性眼光，为手下管理层创造灵活、自由的发展空间，以及修炼自己的领导艺术。

（一）战略眼光

李嘉诚先生曾以"公司战略"为主题，到汕头大学给同学们讲过课。在课堂上，李嘉诚回答了同学们有关组织管理的种种问题。

一位同学问到："李先生手下有许多杰出的高层管理人员，可谓'卧虎藏龙'。请问您是如何降龙伏虎，激励和约束他们，使得他们既能接受管理又保持自主性和创造性？"

对此，李嘉诚回答说："这个问题对我而言是比较幸运的。他们与我的关系非常好。一方面，我自己也曾经打过工，受过薪，我知道他们的希望是什么。所以，我的所有行政人员，包括非行政人员，在过去 10 年至 20 年的变动是所有香港大公司中最小的，譬如高级行政人员流失率低于 1%。为什么？第一，你给他好待遇；第二，你给他好的前途，让他有一个责任感，你公司的成绩跟他是 100% 挂钩的。另外，绝不能任人唯亲。如果你任人唯亲的话，企业就一定会受挫败。"

一位同学提问："当企业进行战略调整时，公司内部应进行多方面的变革以适应这种调整。请问，您认为哪些方面的调整最为重要？哪些环节最容易出错？哪些环节重要而又最容易被忽略？"

李嘉诚先生回答："最要紧的是提出正确的方针，但是你作出正确的方针之前一定要拿到最确实的资料，这是绝对不能错的，这是第一点。流动资金你一定要非常留意，没有流动资金的时候，很多公司都会撞板。还有，这样的改革，非常重要的是公司同事的士气。我们是一个国际公司、综合企业，就是不是一个行业的，有非常多的不同的行业。我们公司的组织是：原则上是西方管理模式，加入中国文化哲学。"

有同学问："当您发现一个发展机遇，而你的意见与其他人的意见相左时，您怎么处理？"

李嘉诚回答到："你自己应该知识面广，同时一定要虚心，听听专家的意见。我常常是这样，假如一个项目我认为是不好的话，我还是非常虚心地听。有的时候，可能 90% 是你认为不好的，但他讲的 10% 是你不知道的。那么这个 10% 可能就是成败的关键。当然，自己作为一家公司的最后决策者，一定要对行业有相当深的了解。不然的话，你的判断力一定会出错。今天跟从前有一个不同，传统的行业如果出错错不了多少，但是今天的决定错了，可以错得非常离谱。"

（二）坐标内灵活

李嘉诚的长江实业在以往十多年中出现了很多不同的创意组织和管理人员，不论他们负责的项目是大是小，他们都有着出色的表现，所以才会有长江实业的无限潜力和不菲的利润。

我们都知道，企业越大，单一的指令与行为是不可行的，因为这会限制不同的管理阶层发挥他们的专业和经验。所以李嘉诚兼顾严谨和灵活，为集团输送生命动力，给不同层次的业务管理人员自我发展空间，甚至让他们互相竞争，不断寻找最佳发展机会，带给公司最大利益。李嘉诚坚持公司有完善的治理守则和清晰的指引，同时确保创意空间。他称之为坐标管理。

例如，1999 年，李嘉诚决定把"和记黄埔集团"旗下的英国电讯业务公司 Orange 高价出售，卖出前两个月，管理层反对出售，甚至建议去收购另一家公司。于是，李嘉诚给他们列了四个条件：

第一，收购对象必须有足够流动现金；第二，完成收购后，负债比率不能增高；第三，Orange 发行新股去进行收购之后，和黄仍然要保持 35％的股权；第四，对收购的公司有绝对控制权。

如果管理层能够做到符合这四个条件，李嘉诚便按他们的方法去做。李嘉诚的管理层听完后很高兴，认为尊重了他们的意见，一时间纷纷同意这四点原则，认为守在这四点范围内，他们就可以去进行收购。而结果他们没有办到，当然他们的建议就无法实行。

李嘉诚建立了四个坐标给 Orange 管理人员，让他们清楚知道这个坐标是公司的原则，然后他们到那边发展时，可以在这四个原则下发挥才干，但是不能超越这个四个坐标。

当然，这只是李嘉诚灵活管理的众多例子中的一个，其实在长实、和黄集团，面对很多子公司，李嘉诚都会充分考虑每家公司经营的业务、商业环境、财政状况、市场前景等，以此给各个子公司订出不同的坐标，让管理层在坐标范围内灵活发挥。

（三）领导讲究艺术

李嘉诚说："好的管理者首先要自我管理，以身作则。"他强调："想当好的管理者，首要任务是知道自我管理是一大责任，在流动与变化万千的世界中，发现自己是谁，了解自己要成什么样是建立尊严的基础。"

1. 印象管理

"近朱者赤，近墨者黑"，如果你希望影响他人，首先你要给对方一个好的印象。你给对方一个越深刻的印象，对方越容易将你的态度、行为、表现记在心里，有时他们下意识地做出的行为、态度，就是你平时的行为态度，也是他们心目中认为有好印象的人物的行为举止。这样，你要影响其他人的目的，就会容易达到。

2. 作为企业的领导人，印象管理有其重要性

(1) 领导人的举止行为会影响下属

在企业内，领导人表现出来的行为，是宽容的，是体谅员工的，关心员工的；领导人处事是公平的，待客户也是态度良好的，平实而不会浮夸的，有责任感的，下属们感染到这一种态度，也就会模仿上司和领导人们，一样会待人以诚信，待人以谦和有礼，有上进心，沉稳平实，不会浮夸。企业的领导人，从行为举止上，发出的是一种影响力，这种影响力，对企业内的员工下属，可以是正面的，可以是负面的，主要视企业的领导人自己本身的行为态度和举止表现出好的一面，还是坏的一面。

(2) 以身作则的重要性

企业领导人自己的观点看法，能够做到上行下效，除了以文字写出来的条文，要员工们遵守之外，个人以身作则，可能更容易使员工们接受，使他们潜移默化，也学习企业的领导人一样，有相同的态度，不论在工作岗位上，在待人处事上，在员工之间的团结上，在强调效率上、品质上，都会同样有用。企业的领导人以身作则，有时比枯燥的公司规条，可能会更容易接受，发挥的感染能力更大。

(3) 想下属表现好，首先自己要表现好

作为一个企业的领导人，如果想下属表现好，首先自己要表现好。如果领导人的表现不好，惹人反感，下属又怎能够事事都表现得令人满意？

3. "上梁一正，下梁要不正亦不容易"

(1) 每个月只领取 5000 元港币董事酬金

李嘉诚曾经亲自解析过："为何我每个月只领取 5000 元董事酬金？我只想证明，一间公司，上梁一正，下梁要不正也不容易。"李嘉诚这样做，其实是以身作则。李嘉诚一贯待人以诚、公正、公平，为公司的利益着想，而不是为自己的利益着想。

(2) 以身作则，影响团队

为何李嘉诚的长江实业集团在这些年来，发展如此之快？其中一个原

因，就是李嘉诚的领导艺术。他的领导艺术中的一个重点，就是"以身作则"，自己在公司内树立一个好的榜样，让所有员工都知道怎样才是好的态度，怎样才是正确的行为，怎样才是正确的人生观。

4. 个人榜样，建构一种企业文化

"个人榜样，建构一种企业文化"，这是一种以身作则的领导艺术，个人树立了一个榜样，使企业之内上行下效；它还有一个作用，就是长期对员工们身教言传，可以为公司建立一种"企业文化"。这种文化，就是公平、公正，不贪个人利益，不滥用职权，为公司着想，为他人着想的企业文化。这是一种成功的企业文化。一家企业，如果能够建构起一种成功的企业文化，对企业的运作、发展、内部团结、对外的企业形象，都会是有利的！

第六节　老板才应心存感激

一、经典语录

可以毫不夸张地说，一个大企业就像一个大家庭，每一个员工都是家庭的一分子。就凭他们对整个家庭的巨大贡献，他们也实在应该取其所得。应该反过来说，是员工养活了整个公司，公司应该多谢他们才对。

——李嘉诚

二、经典事迹

"水能载舟，亦能覆舟。"老板是舟，员工是水；老板和员工是舟和水的关系。没有水，舟则无用武之地。所以，老板和员工不应该是对立的，而应该是利益一致的，这样才可以双赢。

美国管理学家惠特曼和彼得斯对全美历史最长、业绩最好的 60 家大公司的调查研究发现，它们之所以能保持经久不衰，秘密就是"把员工当作重要的资产"来善待。

李嘉诚先生对这一点也深有感触。他说："在我的企业内，人员的流失及跳槽率很低，并且从没出现过工潮。最主要的是员工有归属感，万众一心。"关心员工的切身利益，对员工始终充满敬意，是李嘉诚的一贯作风。

（一）对待员工"义"当先

有些老板一直强调是他们给了员工机会，养活了员工，甚至说是他们"赏了碗饭给员工吃"，并要求员工感恩。但是李嘉诚却持相反的观点。他不止在一个场合说过："我感谢员工，是他们让我有了今天这样的成就。"

李嘉诚是潮州人，潮州人一向以豪爽和讲义气著称。正是这种"江湖义气"、处处为他人着想的胸襟、让利于人的做法，让李嘉诚交了不少的朋友，也赢得了不少员工的拥戴。

香江才女林燕妮，在一篇文章中谈到一件事。北角的长江大厦是李嘉诚拥有的第一幢工业大厦，是他地产大业的基石，又是他赢得"塑胶花大王"盛誉的老根据地。20 世纪 70 年代后期，林燕妮为她的广告公司租场地，跑到长江大厦看楼，发现长江仍在生产塑胶花。

此时，塑胶花早就过了黄金时代，根本无钱可赚，尽管如此，长江实业仍在维持小额的塑胶花生产。对此，林燕妮思之再三，终于明白了李嘉诚的用心，"不外是顾念着老员工，给他们一点生计"。

一次，有人问李嘉诚为什么还背着老员工这个包袱。李嘉诚说："一家企业就像一个家庭，他们是企业的功臣，理应得到这样的待遇，现在他们老了，作为晚辈，我该负起照顾他们的义务。"

那人赞叹道："李先生的精神确实难能可贵，在当今香港，不少老板待员工老了便一脚踢开，你却不同。这批员工，过去靠你的厂生活，现在厂没有了，你仍把他们包下来。"

李嘉诚说："一个大企业就像一个大家庭，每一个员工都是家庭的一分子，员工是替公司赚钱的，是对公司有贡献的人，我一向这样想：虽然老板受到的压力较大，但是做老板所赚的，已经多过员工很多，所以我事事总不忘提醒自己，要多为员工考虑，让他们得到应得的利益。"

不仅考虑员工的利益，对员工的个人生活，李嘉诚也是无微不至地关怀。曾经有一名在李嘉诚的公司工作了 20 年的会计，患了青光眼不能正常工作。而此时公司规定限度的医疗费也用完了，一时间，会计一家陷入了困境。李嘉诚关心地询问这位会计："太太是否具有稳定的工作可以维持家庭生活？"他表示支持他去看病，而且说，如果他的生活不够稳定，他可以担保他的太太在他的公司工作，使这家人不必再为生活奔波。

这位患病的会计经过医生的诊治，退休后定居在新西兰。本来这件事就应该这样结束，但更值得一提的是，每次李嘉诚从媒体上获知治疗青光眼的方法，都会叫人把文章寄给那个会计，希望对他有所帮助。他的行为使会计的全家都十分感动，那个会计的孩子尚处幼年，大概还没到10岁，为了表达全家对李嘉诚的感激之情，孩子自己动手画了一张薄薄的卡片，寄给李嘉诚。礼轻情义重，由此可见李嘉诚优秀的人品。

也许有人会用"冠冕堂皇"一词形容李嘉诚的这番作为，并认为他这么做不过是在收买人心。但他为老员工安排出路，总是实实在在的事。不管他这么做是真心实意，还是收买人心，都对他的事业有事实上的好处，使别人真心实意地跟着他干，为他的生意带来了丰厚的报偿。

"如果和别人相比，你没有尊重、没有思想、没有亲和力、没有礼贤的态度，恐怕愿意跟着你干的人都是奴性十足的人吧？你能指望一群奴性十足的人做好事业吗？""不为五斗米折腰的人，在哪里都有。你千万别伤害别人的尊严，尊严是非常脆弱的，经不起任何的伤害……"李嘉诚不断地告诫我们。

（二）以诚待人自有回报

对于李嘉诚的用人之道有人以一语而蔽之：以诚感人者，人亦以诚应之。回顾几十年来的经历，我们可以看到，李嘉诚以真诚善待下属，令下属对他忠心耿耿。因此，他的身边永远是人才济济，新人辈出。

例如，一直追随李嘉诚左右长达30年的盛颂声，直到1985年因为举家移民加拿大才离开长江实业，而身为集团公司副董事、总经理的元老重臣周千和，则至今仍追随在李嘉诚身边，继续为他出谋划策共守江山。为什么呢？原因之一无疑是李嘉诚"信诺第一、真诚至上"的处世哲学及用人之道在起作用。

处处为他人的利益着想的李嘉诚，就是以这样"精诚所至，金石为开"的精神，统治他庞大的李氏王国。当人们问起李嘉诚："统率群雄，最重要是哪一点"的时候，李嘉诚不假思索地说："最重要是了解你的下属的希望是什么？第一，除了生活，他们一定要前途好；第二，除了前途好之外，到将来他们年纪大的时候，有什么保障等等，很多方面都顾及到的。"

紧接着，李嘉诚感叹地说："这方面我很幸运，每间公司都有些高层职员很忠诚的为公司服务，我自己也经常去想他们的环境并不断进行改善，所以，我的机构内，行政人员的流失率很低，可以说，微乎其微。这样一来，公司内一切事情，我虽然一直在百忙之中，但都可以很从容地应付得来，也很少因为公司上的事情而失眠。"

说到这，还是不能不提袁天凡，李嘉诚为邀得袁天凡的加盟，历尽"峰回路转"到"柳暗花明"的曲折历程。袁天凡的才华在香港金融界无人不知，尽管李嘉诚和他过往甚密，但袁天凡却多次谢绝李嘉诚邀其加入长实的好意。李嘉诚并不放弃，仍一如既往地支持袁天凡：荣智健联手李嘉诚等香港富豪收购恒昌行，李嘉诚游说袁天凡出任恒昌行行政总裁一职；袁天凡与他人合伙创办天丰投资公司，李嘉诚主动认购了天丰公司 9.6％的股份。李嘉诚多年来的真诚相待，终于打动了孤傲不羁而才华出众的袁天凡，他应邀出任盈科亚洲拓展公司副总经理。在袁天凡的鼎力协助下，李泽楷孕育出了叫响香港的腾飞"神话"。

第八章　他这样投资布局

经商离不开投资布局，一个好的投资策略能够带来大笔的财富；反之，就会遭到毁灭性打击。李嘉诚经商在投资布局方面用力十足，他从不放过任何一个细节，而心中又始终具有全局观念。这种做事方法，决定了李嘉诚成就财富人生，不是只停留在小处，而是体现在大处，显出大手笔的气派。

李嘉诚不是天生的幸运儿，他谈起自己的投资之道，这样说："很多关于我的报道，都说我懂得抓住时机，我认为，抓住时机首先要掌握准确的最新资讯，而能否掌握时机，就看你能否在适当时候发力，走在竞争对手之前。时机背后最重要的因素，就是知己知彼。"

第一节　牛市试手，纵横股海

一、经典语录

我的所有决定，都必须按照现实的情况做取舍，在必要的时刻，及时做出对公司、对股东最有利的决定。

——李嘉诚

二、经典事迹

20 世纪 70 年代初，李嘉诚已拥有的收租物业，从最初的 12 万平方英尺，发展到 35 万平方英尺，每年租金收入为 390 万港元。

1971 年，李嘉诚成立长江地产有限公司。1972 年，香港股市一派兴旺，李嘉诚认准时机，将长江地产改为长江实业（集团）有限公司，骑牛上市，成为"华资地产五虎将"之一。从此，李嘉诚在香港地产股市大展拳脚。

（一）骑牛上市

1969 年 12 月 17 日，由李福兆为首的华人财经人士组成的"远东交易所"开始营业，打破了香港证券交易所有限公司（香港会）独家垄断的地位。远东会放宽了公司上市条件，交易允许使用广东话，开辟了香港证券业新纪元。其后，金钱证券交易所（金银会）、九龙证券交易所（九龙会）相继成立，加上原有的香港会、远东会，形成香港股市"四会"并存的格局。因此，公司上市变得容易，四会并存为上市公司集资提供了更多的场所，大大刺激了投资者对股票的兴趣。股市成交活跃，低迷多年的香港股市大牛出世，一派兴旺。

一向关注时局动态和经济发展的李嘉诚当然注意到了香港股市的大变化，在这种情况下，李嘉诚萌发了将长江地产有限公司上市的想法，经过认真分析，他决定让公司成为公众持股的有限公司，利用股市大规模筹集社会游散资金。

1972 年 7 月 31 日，李嘉诚将长江地产有限公司改为长江实业（集团）有限公司，简称"长实"。10 月，长实向香港会、远东会、金银会申请股票上市。11 月 1 日获准挂牌，法定股本为两亿港元，实收资本为 8400 万港元，分为 4200 万股，面额每股 2 元，升值 1 元，即以每股 3 元的价格开始公开上市发行。

包销商选定两家财务公司，分别在香港、远东、金银等三间交易所向公众发售股票。在等待挂牌的日子里，李嘉诚心里多少有些忐忑不安，毕竟这是第一次操作公司上市事宜，虽然他早已学习和研究了上市和股票的运作的有关知识，也对长实有一定的预期值，但挂牌之后到底会出现什么局面，却不是自己所能掌握的。

挂牌的那一天，李嘉诚早早就来到办公室，随时接受来自财务公司及下属的汇报。香港投资者们在听闻长实上市之际，就已投入相当的关注，大受投资者的青睐，长实上市后不到 24 小时，他们纷纷出手认购，转眼之间，长实股票就升值一倍多，股价一日暴涨至 6 元，认购额竟然超过实际发行额的 65.4 倍。

按照当时规定，凡是认购者必须随认购申请书附寄购买资金，因此当日共收到 59017 份，负责包销的两家财务公司不得不召开紧急会议，最后决定采取抽签的办法，抽中者即为长实的（公众）股东，落选者则全部退回现金。

当李嘉诚收到财务公司发来的股票升值的消息时，他心中悬着的石头才缓缓落地，露出欣喜的笑容，长江实业的员工们则欢呼阵阵，有人还买来香槟酒，举杯庆贺。

接着，李嘉诚又开始潜心研究股市，根据多日的调查，他明白了一个道理：并非投资者偏爱长江实业，而是香港股市正处于巅峰时期，任何一家公司上市，股票都会出现较大涨幅，甚至涨幅惊人。

如果想在股市中一直受到投资者的宠爱，长江实业必须尽快做出业绩，让股东们获得经济利益。不过股市无常，其中风险远远大于其他市场。李嘉诚不禁清醒地意识到：自己身为长江实业的董事局主席，必须掌握好大局。

（二）股市显身手

20 世纪 70 年代，香港股市空前癫狂。一些资深财经人士深感忧虑，1972 年，汇丰银行总经理桑达士就提醒大众："目前股价已升到极不合理的地步。"

果然，不久，香港出现了假股事件，仅仅一个多月的时间，恒生指数从1774.96的历史高峰迅速滑落到816.39，数月后，因中东战争引发的石油危机席卷全球，各国经济都受到不同程度的影响，恒生指数一跌再跌。

香港的加工贸易业和地产业深受影响，陷入低潮。这一次"股灾"造成了许多炒股者倾家荡产，甚至家破人亡，而李嘉诚非但没有遭受什么重大损失，还在股市取得了一系列的好成绩。

可以说，自从长江实业上市之日起，股市就成为李嘉诚最重要的活动领域，他日后的许多大作为都是借助股市来完成的。

在股市长期低迷期间，香港的工业生产安全度过了全球石油危机，李嘉诚注意到房地产依然在低潮状态徘徊，但工业的飞速发展，却使得工人们成为手中有闲钱的人群，他们最需要的是适宜居住、生活的普通住宅，李嘉诚立即拓展了长江实业的地产业务，开始涉足建造住宅楼的项目，并且改变以往只租不卖的策略，开始出售房产，这样一来，也使得现金回笼大大加快。

1972年，长江实业上市的时候，李嘉诚拥有的楼宇物业面积，从最初的两座大厦12万平方英尺发展到35万平方英尺，每年仅租金一项收入就达到了390万港元。

正在兴建或拟定兴建的物业有7项，其中独资拥有的地盘3个，合资的地盘4个。上市后，李嘉诚将长江实业的25％股份公开发售，集得资金3150万港元，这笔巨资加速了长江实业的物业建设。

1973年，长江实业发行新股110万股，筹得1590万港元，并成功收购"泰伟有限公司"，由此取得官塘的中汇大厦，每年增加数百万港元租金收入。

李嘉诚曾经对长江实业第一年的盈利估算为1250万港元，但令他大为惊喜的是，当年的纯利润竟然达到了4370万港元，远远超出了自己的想象。

当时的传媒将长江实业和华资地产公司新鸿基地产、合和实业、恒隆地产、新世界发展，合称为"华资五虎将"。

上市之初，长江实业的实力及名气远不及其余四虎，但从20世纪70年代中后期开始，长江实业脱颖而出。

1975年，李嘉诚拥有楼宇面积增加到51万平方英尺，1976年增至63.5万平方英尺，这一年，李嘉诚名下公司的净资产已达五个多亿，成为香港最大的华资房地产实业。

（三）进军海外

李嘉诚从长江实业（集团）有限公司成立并发展成为股份制公司的时候起，就下决心要攀登"香港地王"的高峰，并明确地以香港老牌英资、素有地王之称的"置地"公司，作为竞争的强大对手和目标。

"一个人追求的目标越高，他的才力就发展得越快，对社会就越有益。"

当年香港有句俗谚，叫做"撼山易，撼置地难！"但李嘉诚锐意进取，还明确公司发展的策略方针是"从稳健中求发展，在发展中求稳健"，他决不靠"投机取巧"，也决不靠"巧取豪夺"，他要靠的是"诚实"、"真材实料"和"信誉"，还要靠信息、靠机遇，更主要的是要靠意志、信心和毅力。

李嘉诚对他的事业，是一个不达目的决不罢休的人。他不会为目前的短暂胜利或成功而沾沾自喜而裹足不前。他深知积聚资金和拥有足够实力的重要性。

到了1976年，李嘉诚又一次发行股票，让更多的香港投资者也可以拥有"长实"股票，从而使资金基础更加牢固。众所周知，一个企业的信誉绝不是一天就能建立起来的。而一个企业的资金也不是一下子就能做到十分雄厚的，这需要长期积累。港人有的评论说："幸运之神经常眷顾着李嘉诚！"

此话也不无道理。但是，每当回首人生、回忆往事时，李嘉诚总还是强调一点："我在30岁之前（1958年之前），运道对于我来说，最多只有5％，95％都是靠自己的努力拼搏；30岁之后，运道的成分占多些，大概是10％；直到近几年，命运之神才顾及我多一点。"

李嘉诚，靠他的"重信誉，守承诺，少空话，多实绩"而拥有众多香港市民的信任。在众多华人企业家中也特别引起英资财团的"另眼相待"。李嘉诚是一个企业家，但他却不是一个"只知赚钱、只为赚钱、只会赚钱"的企业家，更重要的，他更是一个"最有敏锐的政治眼光的经济战略家"。

我们可以这样来看，李嘉诚不断推出"长实"股票，由香港走向国际股市，并且稳健地取得盈利给股东和股民们带来利益，进而更赢得信赖和信誉，是促使"长实"迅速发展成为一个庞大的股份制集团公司的关键步骤。同时，他在"资金"上也开辟了一条"为有源头活水来"的大好渠道。

李嘉诚向来主张"平等竞争"、"有钱大家赚"，讲求商业道德。而"长实"的不断发展则使股东、股民们不断地获得利益。所以，他赢得市民、股东、股民们的敬佩与拥戴，被舆论界赞誉为"股市高手"。

第二节　运筹帷幄，目光高远

一、经典语录

> 作为企业领导，必须具有国际视野，能全景思维，有长远的眼光，务实创新，掌握最新、最准确的资料，做出正确的决策；同时做到迅速行动，全力以赴。
>
> ——李嘉诚

二、经典事迹

李嘉诚之所以能够成为世界级富豪，其秘诀自然有很多，但"运筹帷幄，目光高远"却是其中十分重要的一条，可谓字字是金，是很值得企业家们学习和借鉴的"财富"真经。

目光高远，才能看清方向，把握商机。企业家能否引领企业胜利远航，关键在于其是否能够把握市场发展趋势，看清前进方向，超前对市场变化的走势、进程和结果做出正确的判断，从而趋利避害，抢抓商机，掌握竞争的主动权。而要做到这一点，企业家就要经常思考未来，练就战略眼光，善于高瞻远瞩、审时度势，从而"运筹帷幄之中，决胜市场之上"。李嘉诚正是由于"运筹帷幄，目光高远"，才在经营中如有神助，屡创奇迹。

（一）放眼5年后

"和黄"本是一家老牌英资企业，20世纪80年代初被李嘉诚的"长江实业"收购，组成"长和"系。在素有"超人"之称的李嘉诚的领导下，"和黄"已发展成为业务遍布全球的大型跨国企业，经营多元化业务，其核心业务包括港口及相关服务，地产及酒店，零售，能源、基建、投资及电讯等业务。

亚洲金融危机之后，"和黄"奉行"继续扎根香港，但同时也不排除在海外寻求投资机会"的经营战略，使企业国际化进程加快。

1989年，"和黄"收购了一家英国电讯服务公司，取名为RABBIT，即"兔子"。不料，此项业务只能打进，不能打出，技术较为落后，与其他公司推出的业务相比较为逊色，因此销售业绩很不理想，尽管其产品模拟式电话的售价一再下调，仍然出现滞销的局面。

坚持了一年时间，市场没有一点好转迹象，为了避免继续亏损，"和黄"只能宣布结束"兔子"的流动电话服务。

这次失败的投资使得"和黄"元气大伤，账面损失达14.2亿港元，这是李嘉诚海外投资中第一次遭遇滑铁卢，如此惨重的损失真是前所未有。

有人听说后劝李嘉诚："和黄完全不必自建电讯公司，只要收购其他收益好的电讯公司股份，就能保证高利润，何必冒这个投资风险呢？"但李嘉诚坚持认为："既然一个业务领域倒下了，就应该重新站起来。再次站起来不是为了倒下，而是为了站得更稳。"

在李嘉诚的坚持下，"和黄"又于1994年投资84亿港元成立Orange（橙），推出个人通讯网络。这起初也不被业界看好，唯恐是CT2（第二代无绳电话）的翻版，然而后来却渐渐被消费者接受，手提电话销售不俗。

1996年4月，Orange在英国上市，随即成为金融时报指数一百的成分股，打破最短日期成为成分股的纪录，同时也为"和黄"带来41亿港币的特殊盈利，并已收回种"橙"的全部投资。

到1997年，Orange的英国客户突破了100万，成为英国第三大流动电话商。到1999年，和黄出售4.3%的Orange股份，套现53亿港元，加上这次并购交易所得的220亿港元现金、220亿港元票据，以及650亿港元的德国电讯公司股票，和黄在这棵"橙"树上的回报已超过当初投资的10倍以上。

卖"橙"的成功，是和黄历史上最重要的一项交易，引起海内外市场的轰动，也引来无数人的羡慕，大家都想知道和黄集团主席李嘉诚经商的"秘诀"。

在卖"橙"的记者会上，李嘉诚讲的一句话或许能给人以启示。他说：电讯业务是未来集团的发展重点，他已知道5年后和黄要做什么。同时，李嘉诚之子、和黄集团副主席李泽钜也谈到，做生意的时间规限是5年、10年，不是1年、2年，长实有些项目也是7年才有收成。可以说，着眼于未来、善于把握趋势是和黄成功的主要原因之一。

（二）把钱投向未来

1992 年 8 月 6 日，李嘉诚发布长实集团中期业绩报告，阐明了将其投资重点转移到内地的条件与方针。

他指出："中国大陆未来之国民经济将有较大幅度之增长，前景令人鼓舞。"

有记者问长实最终会向内地投资多少，李嘉诚答道："现阶段很难估计，很多因素目前是很难预测的。若经济发展环境理想，最终在内地投资的资产值可能会占本集团总资产值的 25％。"

应该说，25％是一个相当大的比例。以 1991 年底长实资产总值 750 亿港元计算，长实对内地的投资将达 190 亿港元。

当然，李嘉诚并没有透露什么时候达到 25％这个比例。

李嘉诚素来一言九鼎，从不食言也从不爽约。如果没有十成的把握，他就不会限定一个具体时间，否则，等于是给自己套上紧箍咒。他的一贯态度是凡事留有余地，认为这样才会争得主动。

一旦时机成熟，李嘉诚向内地的投资气势磅礴、后来居上。

1992 年 10 月 5 日，以"和黄"集团为核心的港方财团与内地财团深圳东鹏实业，在北京签署深圳盐田港发展合同。在该发展项目中，内地财团深圳东鹏实业拥有三成股权；港方财团包括"和黄"旗下的国际货柜码头公司、熊谷组公司等，共占七成股权，控股权在"和黄"集团。

1993 年 1 月 4 日，李嘉诚先生应当时总理李鹏之邀，到深圳随李鹏总理考察了位于深圳东北部的盐田港建设工地。盐田港是毗邻港澳地区的一个深水港，未来将与京广铁路和京九（北京　九龙）铁路相连结，对中南、西南、华东部分地区的经济发展将发挥重要作用，并且将成为世界航运网络中的货物中转枢纽。

盐田港的建设，既是深圳市的"龙头"项目，也属广东省的重点建设项目。这项工程第一、二期的投资总额超过 50 亿元人民币。其目标是建成与香港货柜码头互补的世界级盐田货柜码头，工程分若干期完成，第一期拥有 2 个货柜泊位和 4 个杂货泊位，建成后将大大缓解香港货柜码头的压力。

但是盐田港计划曾遭到港商马世民竭力反对。他认为在内地搞货柜码头，等于抢香港的生意，自己打自己。

对此，李嘉诚更具远见卓识。他说："深港间的大鹏湾是天然深水港，我们不抢先建盐田港，别的财团也会抢着去干，那将成了我们与别人对打。"

在珠海，和黄控得高栏深水港的发展权，这里将成为珠江三角洲西面的出海通道。

从 1992 年秋起，广州城市建设开发总公司便与李嘉诚的长实、新鸿基地产及香港多家银行，商谈合作兴建一幢 73 层高的国际金融中心大厦，大厦占地 5.5 万平方米，建筑面积 30 万平方米，以当年物价计需投资 3.5 亿美元。

现在，这幢全广州市最高的摩天大厦，已在天河拔地而起，成为广州天河新城区的招牌建筑。正如一提起白天鹅宾馆，人们就联想到霍英东一样，一提到广州最高的国际金融中心大厦，人们就会想起李嘉诚。

（三）青出于蓝胜于蓝

李嘉诚经常这样告诫两个儿子，投资者要有远见，能高瞻远瞩。李泽钜、李泽楷二兄弟将这句话牢牢记在了心里。

1986 年，世界博览会在温哥华举办，落幕之后，各国的临时展厅或拆卸或废弃。博览会旧址为靠海的长形地带，发展前景良好，地皮为省政府的公产，可以以较优惠的价格购得。

生活在温哥华的李泽钜，以他土木专业毕业生的眼光看好这块地皮，认为将来能够发展成为综合性商业住宅区。于是，他积极向父亲建议，理由如下：

1. 地址周围都已发展，社区设施、交通，已有良好基础。

2. 温哥华这一区域，和一般大都会不同，并无高架公路，市容自然美观。

3. 位于市区边缘，有市郊的好处而无市区的弊端，无论往返市中心或近郊，同样便捷。

4. 位置临海，景色宜人，而海景住宅当然金贵些。

5. 对温哥华的风物景致，他本人有感情。

就商业考虑而言，最后一项，未必实际，但李嘉诚接受了儿子的构思宏图。李嘉诚同意了儿子的"狂想"，认为最后一点尤显商业眼光。

说这是"狂想"，一点不夸张。整块地皮，大致相当于港岛的整个湾仔区外加铜锣湾。迄今为止，香港有哪个地产商，在这么开阔的地段发展浩大的综合物业？这在加拿大建筑史上，也将是开天辟地头一遭。

其实，李嘉诚入主和记黄埔，而会德丰、香港港灯、青州英泥等，也被一一收购，仅凭作风保守、稳健的太古洋行尚能支持一时。加上此时中国内地的改革开放正呈上升势头，港人自内地赚钱简直易如反掌，谁都以为李泽钜会在香港这块中西文化交汇之地大展拳脚。然而，李泽钜却在李嘉诚的支持之下，别出心裁地逆势而动，置人气日升的香港于不顾，远赴加拿大温哥华投资开发"万博豪园"。

人们常常以李泽钜久居加拿大，对枫叶之国的了解更甚于对香港来推测其成功的原因，然而，1987年的世界经济形势和"长实集团"的各项资源优势的配合，才是"万博豪园"得以横空出世的根本原因。1988年，专为"万博豪园"项目而成立的太平洋协和发展公司，以3.2亿加币投标获得了温哥华世界博览会的一块黄金地皮，面积达82公顷，约占温哥华市区面积的五分之一，而按照李泽钜的设想，将在这上面投放170亿港元，向社会推出7600个左右的住宅单位。如此庞大的投资项目，一面世即被称作"加拿大有史以来最大的一个地产发展项目"，是"东方人的大手笔"。

作为该项目的缔造者，李泽钜责无旁贷地负起责来。在李嘉诚的力邀下，新世界的郑裕彤和恒基伟业的李兆基也欣然加入这一项目。世叔们的加入带来了助力，同时也是压力。李泽钜不可能不知道，这初出江湖第一仗，在相当大程度上决定着他今后的发展。

成功了一切好说，如果失败了，想在地产界站住脚进而入继长实将平添不少难度。为此，李泽钜长驻温哥华，全力策划"万博豪园"项目，从下面一组数字中可见李泽钜不遗余力、全力出击所付出的辛劳：

一年往返香港、加拿大24次；出席大大小小公听会200余次；与各界人士万余人见面，解释项目。

1990年，李泽钜的忐忑不安得以消除，推向市场的"万博豪园"出现轰动效应，创下两个小时卖掉一幢大楼的纪录。

毫无疑问，"万博豪园"是李泽钜的第一张出色的成绩单。"万博豪园"大获成功，使李泽钜顺理成章地博得一片赞誉，顺利地在长江实业集团里站稳了脚跟。之后，李泽钜由策划进入销售，参与长江实业集团的售楼业务，并颇有建树，更赢得了集团内部员工的刮目相看。而李嘉诚所设计的"立子之计"也终于获得了成功。

第三节　以巧制胜，善借"东风"

一、经典语录

　　我们要懂得将别的地区的潜力，化为自己的"东风"，进而与对手并驾齐驱。

——李嘉诚

二、经典事迹

　　做生意不能光靠蛮力，要善于巧干。蛮干是匹夫之勇，只有动脑筋会巧干的才是儒帅。李嘉诚温文尔雅，颇有儒帅之风，即使自己有再大的把握，也不会一味地猛冲。因为，他知道，花最小的代价，获取最大的成功，才是真正的成功，才是最上乘的投资之术。

（一）巧用智，收购和黄

　　李嘉诚退出九龙仓的角逐后，将目标瞄准另一家英资洋行——和记黄埔。然而，当时长江实业实际上资产只有 6.93 亿港币，而和记黄埔却是一个市价 62 亿港元的巨型集团，那么想要成功收购，不能硬碰硬的拼实力，只能借助别人的力量。一旦凭借巧劲，就等于四两拨千斤了。

　　收购沦为公众公司的和记黄埔，至少不会像收购九龙仓那样，出现来自家族势力的顽强抵抗。李嘉诚抓住机会，迅速分析形势。

　　身为香港第二大公司的和黄集团，各公司归顺的历史不长，控股结构一时还未理顺，各股东间利益有纷争，意见不和，当时他们正企盼出现"明主"，能够力挽狂澜，使和黄集团彻底摆脱危机。

　　了解清楚这些，李嘉诚明白，只要照顾并为股东带来利益，股东是不会反感华人大班入主和黄洋行的。趁虚而入、避实击虚、去瘦留肥，这便是李嘉诚舍弃九龙仓而收购和黄的出发点。

　　李嘉诚权衡实力，长江实业的资产才 6.93 亿港币，而和黄集团市值却高达 62 亿港元。长实财力不足，蛇吞大象，难以下咽。若借助汇丰之力，收购算成功了一半。

李嘉诚梦寐以求成为汇丰转让和黄股份的合适人选，他当初停止收购九龙仓，就是为了获得汇丰的好感，进而为了得到汇丰的回报。这份回报是不是和记黄埔，李嘉诚尚无把握。

为了使成功的希望更大，李嘉诚又拉上了船王包玉刚，在与汇丰的关系上，李嘉诚知道自己不如包玉刚深厚。包氏的船王称号，一半是靠自己的努力，一半靠汇丰的支持。包氏与汇丰的交往史长达 20 余年，包玉刚身任汇丰银行的董事，与汇丰的两任大班桑达士、沈弼私交甚密。包氏出马敲边鼓，自然马到成功。

终于，巧妙运筹，善借"东风"的李嘉诚成功了。1979 年 9 月 25 日，李嘉诚被和记黄埔董事局吸收为执行董事，1981 年 1 月 1 日，李嘉诚被选为和记黄埔有限公司董事局主席，成为香港第一位入主英资洋行的华人大班，和黄集团也正式成为长江集团旗下的子公司。

长江实业实际上资产仅 6.93 亿港币，却成功地控制了市价 62 亿港元的巨型集团和记黄埔。李嘉诚以小搏大，以弱制强，靠的就是四两拨千斤的巧劲。那么，李嘉诚具体运用了哪些收购策略以获成功的呢？

第一，李嘉诚在实际收购和黄之前，早已做好了人事方面的安排，其收购九龙仓就是收购和黄的序曲，而收购和黄不过是在此基础上的"树上开花"而已。

第二，李嘉诚梦寐以求成为汇丰转让和黄股份的合适人选，他停止收购九龙仓的行为，获汇丰的好感，就是为了得到汇丰在和黄一役中给予回报，他等的就是这阵"东风"。

第三，为了使成功的希望更大，李嘉诚又拉上了船王包玉刚，以出让1000 多万股九龙仓股为条件，换取包氏促成汇丰转让 9000 万和黄股的回报。李嘉诚一石三鸟，既获利 5900 万港元，又把自己不便收购的九龙仓让给包氏去收购，还获得包氏的感恩相报。有了包玉刚的支持，李嘉诚可以说是胜券在握。

第四，由于事先做好了人事方面的安排，整个收购过程没有剑拔弩张，没有硝烟弥漫，只有和风细雨，兵不血刃。

李嘉诚四两拨千斤的策略高明的很，就连和记黄埔前大班韦理都以一种无可奈何又不得不服气的语气对记者说："李嘉诚此举等于是用 2400 万美金做订金，而购得价值 10 多亿美元的资产。"

所以说李嘉诚巧借"东风"的艺术，真是堪称商战投资一绝。

（二）八方融资巧借钱

现代商业投资理论有这样一种观点：评价一位商人的能力标准不再是他拥有的资金数量，而是他能够调动的资金数量。换句话说，一个成功的商人就是能巧妙借助别人的力量和金钱来达到自己的商业目的，实现双赢结果的人。而李嘉诚无疑是一个善借东风的人，他八方融资，巧妙聚集财富，度过了一次又一次的财政危机，最终成就了自己的商业帝国。

融资问题无论是对叱咤商场的大企业家，还是对于刚刚起步的小企业主，都是非常重要，在白手起家和扩大企业规模的过程中，这一点体现得尤为明显。

李嘉诚无法忘记他在创业之初，其塑胶厂资金紧张得几乎倒闭的经历，也同样无法忘记事业发达之后在融资方面帮了他大忙的银行和股民。

自从 1950 年创业，李嘉诚经历了独资、合股的漫长历程，终于在 1972 年，长江地产改名长江实业有限公司，跻身于上市公司之列，而这在较大程度上缓解了长实资金不足，筹措无门的问题。

长实在香港上市的同时，李嘉诚还积极谋求海外上市，力求多方融资，保证自己的财政运营状况良好。

1973 年初，由新鸿基证券投资公司代表与英国股票公司牵线搭桥，达成了协议，长实股票开始在伦敦挂牌。挂牌后，买者纷至沓来，受到了英国投资者的热烈欢迎。

1974 年 5 月，长实又与加拿大帝国商业银行合作成立了"加拿大怡东财务有限公司"，实收资本为港币 5000 万元，双方各付出现金资本 2500 万元，即各占 50％ 的收益。

这一联营公司的建立，对长实有着重大意义，从此它可以引来大量加拿大外资，从而增强实力。这就使"长实"得以拥有更雄厚的外来资金，加速了企业资金的周转，有效地促进了生产规模的再扩大，从而大大增强了"长实"的竞争实力。

同年六月，在加拿大帝国商业银行的力促下，加拿大政府批准长江实业在加拿大温哥华证券交易所挂牌上市。

此举首开香港股票在加拿大上市的先例，标志着长实在加入国际金融市场又跨进了一步。

　　李嘉诚全方位在香港和海外股市集资，为长江的拓展积累了雄厚的资金基础，为长实发展成为庞大的集团公司，拓开了一条宽广的后援之路，这也是李嘉诚跨入超级富豪行列的关键一步。

　　巧妙融资，筹集资金，使李嘉诚摆脱了资金不足的困境，使得长江的后续发展更加迅速，也让李嘉诚的对外发展没有了后顾之忧。可以说，八方融资，巧妙借钱，为李嘉诚的事业发展添上了最浓墨重彩的一笔。

第九章　他这样看待人生

　　一个成功的商人不仅会思考如何赚钱，也会思考如何对待人生，这样才能让自己一生短短的几十年活得更加有意义。李嘉诚无疑就是这样一个成功的商人。

　　一个只读完初中的人，一个茶楼卑微的跑堂者，一个五金厂普通的推销员，经过奋斗，竟然成为香港商界的风云人物，乃至风光无限的香港首富。是什么让超人李嘉诚创造了如此奇迹呢？

　　李嘉诚在一次演讲中这样说道："过去的60多年，沧海桑田，但我始终坚持最重要的核心价值：公平、正直、真诚、同情心，凭着努力和上天的眷顾，循正途争取到一定的成就。我相信，我已创立的一定能继续发扬；我希望，财富的能力可有系统地发挥。我们要同心协力，积极、真心、有决心，在这个世上散播最好的种子，并肩建立一个较平等及富有同情心的社会，亦为经济、教育及医疗作出贡献；希望大家抱着慷慨宽容的胸怀，打造奉献的文化，实现我们人生最有意义的目标，为我们心爱的民族和人类创造繁荣和幸福。"

　　李嘉诚是这样说的，也是这样做的。这一切都是基于他高尚的人生价值观，以及他看待人生的态度。

第一节　勤能补拙，俭以养德

一、经典语录

只要勤奋，肯去求知，肯去创新，对自己节俭，对别人慷慨，对朋友讲义气，再加上自己的努力，迟早会有所成就，生活无忧。

——李嘉诚

二、经典事迹

大凡成大器者，聪明是其一，重要的还是勤奋。著名数学家华罗庚曾说过：勤能补拙是良训，一分辛苦一分才。李嘉诚是香港首富，关于他的成功之道，可以用两个字来概括：勤奋。正如他所说："勤奋促使我有了今天的成就。"

李嘉诚在少年时代就认识到，没有知识成就不了伟大事业，他先给过早辍学的自己定下一个近期目标：利用工余时间自学完中学课程。那时的李嘉诚是"披星戴月上班去，万家灯火回家来"，每天工作都在 15 小时以上。

后来李嘉诚当上了老板，却依然保持勤俭的作风，从未奢侈过一回。他的资产过亿，却仍然常常住在 40 多年前结婚时，在香港的浅水湾购置的那套房子里。他在公司里与员工吃同样的工作餐，他去工地巡察，就会很和蔼地与那里的民工吃同样的盒饭。

（一）少年求知，自古英才凭勤奋

李嘉诚 5 岁开始读书，上小学后，他每天放学回家的第一件事就是悄悄飞进他的小书房。他太爱看书了，平时他一有时间就躲在自己的小书房里，如痴如醉的看书。李嘉诚读书异常刻苦，夜里点着油灯读书，直到很晚才睡。后来看书越多，他越感觉到自己知识的贫乏，便越是废寝忘食、如饥似渴地学习。

进了中南公司，晚上的时间全是自己的，白天做工不那么劳累，李嘉诚给自己定下新目标——利用工余时间自学完中学课程。他年少位卑，骨子里却有股不屈的傲气，渴望出人头地，像舅父，像茶楼遇到的大老板，干一番大事业。

李嘉诚不仅学习课本知识，也努力学习各种技能、手艺以及处世之道。

李嘉诚在茶楼，不断学习如何与人打交道；进中南公司后，又不断学习装配修理的手艺，直至对各类钟表了如指掌。他还很快就掌握了钟表销售，做得十分出色。与李嘉诚同在高升钟表店共事的老店员回忆起少年李嘉诚时都说："嘉诚来高升店，是年纪最小的店员。开始谁都不把他当一回事，但不久都对他刮目相看。他对钟表很熟悉，知识很全，像吃钟表饭多年的人，谁都不敢相信，他学师才几个月。当时我们都认为他会成为一个能工巧匠，也能做个出色的钟表商，还没想到他以后会那么显赫。"

1946年年初，做了一年的钟表匠后，16岁的李嘉诚突然又辞别舅父庄静庵的钟表店。天生喜欢挑战和进取的李嘉诚，选择了五金厂当推销员，开始了香港人称之"街仔"的推销生涯。

最初，李嘉诚每次向客户推销产品之前，心情也十分紧张。但他总是在出门前或者在路上把要说的话想好，准备充分，并且练了又练。渐渐地，李嘉诚发现自己推销有术，他具有敏锐的观察能力和分析能力。

很快地，公司里年纪最轻的李嘉诚，推销成绩遥遥领先，成为公司的佼佼者。因此，李嘉诚在刚满17岁那年就被提拔为业务经理，统管产品销售，时隔不久，又晋升为总经理，全盘负责日常事务。李嘉诚成了塑胶厂的台柱。

李嘉诚认为没有知识就成不了大业，他每天工作都在15个小时以上。回到家后，他还要就着油灯苦读到深夜，有时经常会忘记了时间，以至于想到睡觉时，已到了上班的时间。在学习知识方面，他有着顽强的毅力，坚持学习工作两不误。

1950年夏，李嘉诚在筲箕湾创立长江塑胶厂。

李嘉诚的创业资本仅5万港元。他打工的薪水并不高，较大的一笔，是他几年推销产品的提成。因此，李嘉诚创业之初的那段时间是非常辛苦的。

虽然身为老板，他仍是当初做推销员时的那种老作风，每天工作16个小时。

李嘉诚吃住都在厂里，一星期回家一次，看望母亲和弟妹。规模稍扩大后，他在新蒲岗租了一幢破旧的小阁楼，既是长江厂的写字间，又是成品仓库，还是他的栖身处。那时的李嘉诚，把自己"埋"进了长江厂。

人们很难想象，李嘉诚哪来的这么旺盛的精力，事实上，他是靠远大的抱负和顽强的意志支撑着。正如香港某杂志所说："李嘉诚发迹的经过，其实是一个典型青年奋斗成功的励志式故事，一个年轻小伙子，赤手空拳，凭着一股干劲勤俭好学，刻苦勤劳，创立出自己的事业王国。"李嘉诚自己也常说："追求理想是驱使人不断努力的最主要因素。"

（二）富而不奢，崇尚节俭的华人首富

李嘉诚说过："我个人对生活一无所求，吃住都十分简单。"

众所周知，香港是块奢华之地，是消费和享乐的天堂。提起富豪的生活，人们总免不了猜想奢华的景象。的确，不少商贾巨富过着享乐的日子，但也不是每一个富豪都愿意过这样的生活，首富李嘉诚就是代表。李嘉诚虽然是世界富豪榜中的风云人物，却绝无穷奢极侈之事。李嘉诚说："钱可以用，但不可浪费。"他就是这样一个喜欢节俭生活的人。

李嘉诚说："衣服和鞋子是什么牌子，我都不怎么讲究。一套西装穿十年八年是很平常的事。我的皮鞋十双有五双是旧的。皮鞋坏了，扔掉太可惜，补好了照样可以穿。我手上戴的手表，也是普通的，已经用了好多年。生活中许多人将注意力放在收入这个源头上，总认为钱挣得越多就越富有，其实节流也很重要。一个家庭的理财就像给水池蓄水一样，水龙头的水量多少固然重要，但是下水管道的管理也非常关键。如果水龙头很好，但是下水漏斗却任水流失，那水池子里很快就会没有水；相反，池子里的水就会越蓄越多嘛。"

李嘉诚经常穿一套黑色（或者深蓝）的西装，配着雪白的衬衣和条纹领带。在外人看来，西装很笔挺，很整洁，很得体。李嘉诚的西装，十套里有八套是旧的，春夏秋冬就在这些衣服之间替换。

李嘉诚穿的皮鞋也很普通，却要擦得锃亮，因为他认为这是一种礼貌。他出门带的小皮箱，也简单得很，里面只有洗漱用具、内衣睡衣还有必要的文件。尽管如此，他呈现给人们的形象却总是风度翩翩，朴实无华。

在人们的印象里，李嘉诚从没有披金戴钻。他戴的是价值不到50美元的手表，这一消费水平停留在低收入的打工一族的消费水平上。

在饮食方面，李嘉诚的标准是一菜一汤，或者二菜一汤，饭后加一个水果，有时喜欢吃稀饭、面包或者喝咖啡、牛奶。在公司总部宴会厅宴请客人，通常连水果在内一共八道菜，碗是小号的碗，分量都是控制的。没有大

鱼大肉，只令客人吃到恰好，不致胀腹，也不致不够，更不浪费。

有一次，李嘉诚先生在澳门参加一个招待会时，被安排坐在宴会大厅的中央主席台上就餐。宴席快结束时，李先生看到他桌上的一个盘子里剩下两片西红柿，就笑着吩咐身边的一位高级助手，两人一人一片把西红柿分吃了，这个小小的举动感动了所有在场的人。大家不约而同地想到：李嘉诚之所以把资本运作得如此之好，跟他会节俭和会理财是绝对分不开的。

可以说，李嘉诚多年来过的是普通人的生活，有时甚至比有些普通人还节俭一些。1995年香港某刊物刊出有关李嘉诚的访谈录。其中，有这样一段记述："就我个人来讲，衣食住行都非常简朴、简单，跟三四十年前没有分别。"李嘉诚还说过："我的生活标准甚至还不如1962年的生活标准。我觉得，简朴的生活更有趣。"这不是故作高姿态，而是李嘉诚生活的真实一面。

李嘉诚看重的不仅仅是勤俭本身，他更坚信的是"成由节俭败由奢"的道理。诚然，李嘉诚的财富并不是单靠节俭积攒而来的，但是他的节俭作风，无疑是长江实业迎来一个又一个辉煌的重要原因。

第二节　活着就要奋斗

一、经典语录

重要的是，你们会不会主动掌握自己的命运，做个勤奋不懈、孜孜不倦的工作者；有正确的价值观念和使命感，能不断发展新的机会，接受新的挑战。

——李嘉诚

二、经典事迹

奋斗是前进的动力，奋斗是如雨的汗水，奋斗是成功的保证，奋斗是人生路上最值得我们珍藏的一串串脚印。李嘉诚先生出身于书香门第，却走上了经商的道路并取得了巨大的成功，这与他的不断奋斗是分不开的。

李嘉诚认为生命有限，活着就要奋斗。他几十年如一日，始终坚持快速的生活节奏，争分夺秒，珍惜点滴时间。他的手表总拨快10分钟——"以便准时出席下一个约会"。他一直超负荷地工作着。一次，在回答新加坡《联合早报》记者关于"你现在每天工作多少时间"的提问时，他说："现在可说轻松多了。当我年轻还未结婚前，我每天工作 16 小时，一个星期工作 7 天，没有休息的。现在则可以每星期有一天完全休息，每天工作 12 小时。"

（一）除了拼搏还是拼搏

李嘉诚在青少年时代，经历了很多不平凡的挫折，经历过常人难以想象的磨难和艰辛。当年，年少的李嘉诚担任推销员时，就付出得比同龄人多得多。

推销员首先要能跑，李嘉诚对此从不打退堂鼓，在此之前，他在茶楼当跑堂，拎着大茶壶，一天 10 多个小时来回跑。当推销员时，他依然是背着大包一天走 10 多个小时的路。

李嘉诚推销产品不是靠高谈阔论，而是注重市场和居民使用这类产品的情况。李嘉诚根据香港每一个区域的居民生活状况，总结使用塑胶制品的市场规律，并将这些资料记录在他随身携带的一个小本子上。这样李嘉诚就找到了适合产品的销售渠道，以致后来塑胶制品一出厂，产品就一销而空。

可见，只有付出了辛勤的劳动，才可能得来巨大的收获。李嘉诚的经历正是告诉人们这样一个既浅显又深刻的道理：不是随随便便就能成功，必须经历很多挫折和磨难，才能夺取成功的桂冠。

李嘉诚从没有对前途失去过信心，可以说，他以毕生的时间和精力在向前拼搏，谈到这些，他是这样说的：

"1940 年到今年，有多少年？60 多年。这 60 多年，我没有停过一天，亦没有一天不在尝试增加自己的知识，到今日亦如是。坦白说，假设我今天一无所有，我去打工，我相信一样有人请我。这很重要。

"所以，一个人面对这情形，要自己充实自己。今天有些工作五、六千元、七千元，也没有人做。我有这机会，五、六千元也会去做。我一边做，自然可以在社会上学一些东西。有份工作给你九千，便做九千；有份工作给你一万，便做一万。一样可以上去。"

很多人觉得冥冥中命运似一双翻飞的手，还有相当一些人认为自己生不逢时，李嘉诚是否相信命运？李嘉诚是这样想的：

> "我从小时绝不相信命运，年幼时可说生不逢时，抗日战乱，避难香港，父亲病故，不到 15 岁就挑起家庭重担。先父是染了肺病逝世的，我自己也被传染了肺病。
>
> "漫长的岁月里，我连一个医生都没有看过，早上痰有血，下午发热，所有症状，没有人可以讲。那个时候肺病是必死之病，后来去照 X 光片，医生吓了一跳，我的肺里面有好多洞，已经钙化了，直到 21 岁，我的肺病才痊愈。

这就是李嘉诚，不管生病还是贫困，都没有阻挡住他拼搏的脚步。除了拼搏还是拼搏，这样的人，想不成功都难。

（二）最满意的是下一个

当球王贝利射进一千个球时，有记者问他：在这一千个球里，哪一个最让你满意？球王答道："最让我满意的是下一个。"

李嘉诚就是这样一个注重下一次的人。他在自己事业的道路上，攀过了一个又一个山头，取得了一次又一次成功，但似乎他永不满足。当世人沉浸于所谓的胜利时，李嘉诚马不停蹄的又奔向了下一个目标。

作为一个持续追求成功的商人，李嘉诚没有时间享受胜利带来的快感，他永远都是将目光对准下一个目标。

李嘉诚每每谈到自己经商的心得，他总是说："一个人做得再成功，也仅仅是生存下来了。况且，那些成功都是过往的成绩，不代表你明天一觉醒来，生意还在。我惟一相信的是，未来之路还会崎岖不平，必须如临深渊、如履薄冰地面对明天。"

时间进入 21 世纪，世界经济又有了新的增长点，那就是网络科技，尤其是 3G 业务。2000 年后，李嘉诚决定率军再战，向新兴科技领域迈进。一直在传统商业领域打拼的他，近年来开始涉足诸如卫星、传媒、互联网等技术经济领域，如今更涉足其他商家尚在观望的无线互联网电话技术（3G），而且几乎是一下就"沉迷"其中了。

李嘉诚说："以往的所有的一切，值得骄傲，但并不值得留恋。美好的人生应该在未来，我相信今必胜昔。"

2001 年，李嘉诚依靠独到的商业眼光再次上演绝佳财技，他以低价七千万美元拿下 Priceline. com，之后全力低成本经营，虽然其间经历多次大风大浪，但老江湖尽显商业本能，作出连续二年多盈利 2.4 亿美元的佳绩。股价高升至每股 34.16 美元时，他突然出手变现 3.04 亿美元，快进快出，出手干净利落，兵不血刃，雁过无声。

到 2002 年，李嘉诚已斥资 167 亿美元投入还在开拓阶段的 3G 技术，业务范围除中国香港外还覆盖英国、意大利、澳大利亚、丹麦、奥地利、爱尔兰、以色列和瑞典，他在全球已拥有 11 个 3G 牌照，并将继续收购德国、荷兰、芬兰的牌照。他这样评价自己："在事业上我是一个从来不知满足的人。"

李嘉诚如此大胆的行动，引起了商界人士极大的震动。有媒体评论道：现在投资于 3G 技术，无异于赌博。他却坚称，自己在欧洲的电话网络业务将在 2005 年实现收支平衡。面对质疑，他如是说：在他的一生中曾有过很多冒险斥巨资投入某项业务的经历，这一次并不是什么新鲜事，他也并不担心会失败。李嘉诚说："3G 技术不是赌博，其卖点是将手机的便利与互联网结合起来，手机和互联网是人类历史上两大带有革命意义的消费技术，而 3G 将其融为一体一定能够获得成功。"

经济精英界也给予了李嘉诚充分的肯定："欧洲的 3G 时代已经全面到来……启动力量最大的不是欧洲的运营商，反而是来自亚洲、来自中国香港，即李嘉诚旗下的和记黄埔。"

另有评论说，香港经济由洋行、港口转向地产，再由地产泡沫走向新经济的转型过程，从李嘉诚商业王国的演变中便可充分获得诠释。是否可以这样理解：李嘉诚——才是引导香港经济转型的领袖力量。

李嘉诚大举进军 3G，让人不禁要问，这位商界的高龄老人难道又要掀起一股令世人晕眩的狂飙，他真的就像"超人"一样永远开拓奋斗不息吗？高盛公司驻香港的一位高级主管表示："像李嘉诚这样资历的人今天依然在锐意进取，真是太少见了。"

第三节　赚钱不是人生的全部意义

一、经典名言

最终的目的不是成为一个多么有钱的人，而是要成为一个真正的人。

——李嘉诚

有金钱之外的思想，保留一点自己值得自傲的地方，人生活得更加有意义。

——李嘉诚

二、经典事迹

从学徒到华人首富，从塑料花大王到长实—和黄商业帝国掌舵人，李嘉诚华人首富的名号为世人所熟知。然而，世人所不知道的是李嘉诚对赚钱、对人生都有着独特的见解。他从未把赚钱看成人生的全部，相对于事业带给他的荣耀，李嘉诚更看重的是为社会做出贡献。

李嘉诚说："我的钱来自社会，也应该用于社会，我已不再需要更多的钱，我赚钱不是只为了自己。而是为了公司，为了股东，也为了替社会多做些公益事业。"

相对于做生意，李嘉诚更看重的是如何做人。他也是这样教育子女，他说："以往我百分之九十九是教孩子做人的道理，现在有时会与他们谈生意……但约三分之一谈生意，三分之二教他们做人的道理。因为世情才是大学问。"

（一）活着就是要奉献

李嘉诚说过："人生最大的价值在于奉献！"1979 年，中国改革开放后，汕头被列为经济特区，潮汕地区迫切需要一所大学。李嘉诚与汕头大学筹委会主任庄世平进行了长谈。会谈中，李嘉诚和庄世平越谈越兴奋，越谈越激动，仿佛眼前已出现了一座规模宏大的汕头大学。

李嘉诚在《我对汕头的希望》一文中，敞开了一个身居海外的中国人爱国报国的诚挚情怀：

"教育，是国家兴亡，社会繁荣与否的关键。甚至一个机构、一个家庭，其成员受教育程度的高低都对其发展前途有着深远的影响。因此，教育事业的发展，直接影响时代的发展。一个国家资源不丰富，若人才鼎盛，善于开源节流，则自可克服各种困难，使国家逐渐走向繁荣富强。从历史上看，资源贫乏之国不一定衰弱，可为明证。

"基于这一信念，我深感人才的重要性，只有选拔人才，培养人才，重用人才，才可以使国家走向繁荣富强；选才、养才之功有赖教育。教育事业跟不上，就会造成人才缺乏。因此，国家各方面发展的快慢，是与教育事业的成败进退有着直接的关联。教育的成败，是国家强弱的根本原因。

"因此，我产生了在汕头创办一所高水准的大学的动机。正在这时候，吴南生先生、庄世平先生和我商议筹办汕大的计划，他们的崇论宏识，和我的初衷不谋而合。中国应该抓住这一良好机遇，迅速办学培养人才。况且，只要能初具规模，以后便可激发更多海外的爱国硕彦同襄伟举，付诸行动，从此便锲而不舍地为筹办汕大勉尽全力。若能因此而加速祖国四化的步伐，也可作为我为祖国做出的一点贡献吧。"

最终，在李嘉诚的大力推动下，汕头大学办起来了。1986年，邓小平接见了他，专门向他表示感谢。邓小平说："你为祖国做出杰出贡献，我代表全国人民表示感谢。"李嘉诚激动地说："发展教育事业对促进祖国科学技术水平的提高是非常重要的，我愿为此而努力。"

李嘉诚捐赠，不论钱多钱少，往往会对公众或传媒，说一席爱国爱港、利国利民的话，感人肺腑，催人泪下。

有人说他沽名钓誉，抑或是最终是为其商业利益。最了解李嘉诚捐赠事宜的，大概非梁茜琪莫属，梁茜琪是李嘉诚专职负责捐赠事宜的私人秘书，她深有感触地说：

"李先生捐款与别人不一样，他的捐赠是真正发自内心的。

　　"李先生不是那种捐出一百万、二百万，只要有自己的名字就可以的人，他是真心实意去解决这些问题……

　　"李先生捐款与别人不一样在于，别人捐出款项后，所考虑的和关心的仅仅是其善举为不为社会所知；而李先生考虑的是捐出款项后，是否解决了问题。"

　　很多潮汕人士都说，李嘉诚所捐赠修建的各种建筑物，均拒绝以他本人和亲人的名字命名。他在汕大，不是扔下一亿两亿了事，连教学安排、图书资料、师生食宿等问题，他都要一一关照到，并勉力解决。要知道，李嘉诚的一天时间，价值几百万，乃至几千万。谁也计算不清，他在汕大耗费了多少时间和精力。

　　李嘉诚这么做，是他心中的价值观使然。论及价值观，李嘉诚曾说过："一个人当他在生命的最后几分钟，想到曾为国家、民族、社会做过一些好事时也就心满意足了。"李嘉诚联想到自己的人生，说道："在我的有生之年，如果能为人类作出一些贡献，那么，我就心满意足、死而无憾了。"

（二）做事先做人

　　俗语说：无奸不商，无商不奸。言喻在商业里没有诚实的买卖，也从另一个方面反映了商人要想在商界立足，就必须"奸诈"。以至于世人一提起商人，脑海里立刻浮现的就是奸欺的形象。

　　李嘉诚却是个特例，他全无商人那种奸诈狡猾的印象。相反绝大多数人还叹服于李嘉诚人格的高尚。这是因为李嘉诚先生不但会做事而且会做人。

　　李嘉诚认为，自己事业有成的真正原因是"懂得做人的道理"。他多次说过这样的话："要想在商业上取得成功，首先要会做人，因为世情才是大学问。世界上每个人都精明，要令人家信服并喜欢和你交往，那才是最重要的。"

　　首先，李嘉诚虽然在商界取得了巨大的成就，但是却十分谦逊，对他人哪怕是毫无地位的人，都十分的谦恭。当然，李嘉诚也发过脾气，但是，他始终保持谦恭的态度，始终懂得如何真诚地去尊重他人。

　　2006 年 4 月 8 日，长江商学院组织"中国企业 CEO 课程班"的学员到香港去拜会李嘉诚，那天一行前往的有包括傅成玉、江南春、李东生、牛根生、马云、朱新礼在内的 30 位内地企业领袖人物。

　　上午 11 时，到达长江实业的电梯门打开时，大家感到无比意外和惊喜的是，李嘉诚亲自在电梯门口迎接。下电梯后，李嘉诚又站在电梯口谦恭地与每一位来客握手。

不仅如此，在会见的前一天晚上，李嘉诚还安排手下要将宴请大家到长江中心大厦午餐的请柬送到每一个人手里。朱新礼感慨道："实际上以他的地位，通知大家一声就可以了。"午餐前，大家得知还要抓一个号码按顺序落座时，朱新礼为此感叹道："中国人讲究排座次，我们的企业又有大有小，年龄又老少不一，这个办法确实好。李嘉诚先生的细心让每一位受邀者都感受到了尊重。"

马云也是第一次近距离地见到李嘉诚，他称赞说："做得最出色的人往往很平凡，这样的人非常值得尊敬。"

会后，李嘉诚说了一番令在场的人都终生难忘的话："当我们梦想更大成功的时候，我们有没有更苦的准备？当我们梦想成为领袖的时候，我们有没有服务于人的谦恭？我们常常只希望改变别人，我们知道什么时候改变自己吗？当我们每天都在批评别人的时候，我们知道怎样自我反省吗？这些问题没有人可以为你回答，只有你自己知道怎样找出答案。"

其次，李嘉诚以诚为本，宽以待人。李嘉诚是典型的儒商，信奉以诚为本的做人原则。他善待下面的员工，员工很感激老板，在企业最困难的时候没有一个员工跳槽；当企业发展之后，他仍不忘记老员工，安排他们做力所能及的工作，以便给他们生活上的出路；他平易近人，甚至有求于他的广告公司上门，他也是非常有礼貌地接待。凡是与他交往的人，都会觉得亲切愉快。李嘉诚说，"做人最要紧的，是让人由衷地喜欢你，敬佩你。"

宽以待人是李嘉诚一贯的处事态度，他很少批评员工，有时他觉得批评错了，即使深更半夜也会打电话给对方道歉。李嘉诚善于为他人着想，考虑对方利益，他常说："有钱大家赚，利润大家分享，这样才有人愿意合作；假如拿10％的股份是公正的，拿11％也可以，但是只拿9％的股份，就会财源滚滚。"

第三点，李嘉诚有包容之心，这不仅体现在李嘉诚能够广泛吸纳各种人才上，还体现在他不与别人为敌上面，即使与人发生隔阂，他也能坦然与之合作，实现自己的商业目标。

李嘉诚曾经帮助包玉刚收购了九龙仓，又击败置地购得中区新地王，但是并未因此与对手结为冤家。一场博弈之后，大家握手言欢，联手发展地产项目。所以，他在商业竞争中非常注意加强与对方合作，充分照顾到对方的利益。于是，他和生意场上的许多人结成了合作伙伴，创造了"只有对手而没有敌人"的奇迹。

第四节　家和万事兴

一、经典名言

我觉得一家幸福最紧要，生意起跌很小事，今日起，明日跌，一家人开心最紧要。

——李嘉诚

二、经典事迹

李嘉诚虽是商界风云人物，对家却有最朴实的概念："家和万事兴。"他孝敬母亲，挚爱贤妻，严于教子。家是他永远的避风港湾。

李嘉诚虽然终日为商务操劳，却无时无刻不缅怀母恩。

1963 年，李嘉诚与相恋多年的表妹庄月明结婚，这对青梅竹马的有情人，终于结成眷属，从此夫妻一生恩爱，白头偕老。

爱妻过世以后，李嘉诚多年来以身故妻子的名义捐出诸多慈善和公益的巨额款项，另外李嘉诚很多捐赠的建筑物也都以身故妻子而命名；例如庄月明中学、李庄月明护养院、香港大学的庄月明中心、庄月明科学楼、庄月明化学楼等等。正如李嘉诚所说，这些也是自己身故妻子的愿望。

（一）誓报母恩

李嘉诚侍母至孝至敬，广为世人称道。

李嘉诚小小年纪就失去了父亲，眼见母亲庄碧琴在夫丧子幼、寄人篱下的艰难日子里，面对着米薪珠贵的无情岁月，含辛茹苦地操持那个家，抚育年纪尚幼的儿女。她还经常在昏暗的灯光下做着手工，为幼子缝缝补补，督促孩子温习功课做作业，苦口婆心地劝诫孩子们要恪守社会道德，学会做人，刻苦耐劳，奋斗成人。

懂事的李嘉诚深知母亲的挚爱与凄苦，尽管不时有舅父庄静庵的关照，解了燃眉之急，使得三餐无忧，但生活还是过得十分窘迫，时时捉襟见肘。

而母亲却从来没有向苦难低过头，更使李嘉诚刻骨铭心的是，贤惠的母亲总是以积极向上的态度面对现实生活的严酷和拮据，不时谆谆地教育孩子们"吃得苦中苦，方为人上人"。

近朱者赤，近墨者黑。庄碧琴老夫人跟随丈夫李云经先生多年，自己也增长了许多知识学问，她经常给孩子们讲述许多诸如"孙悟空西天取经"、"岳武穆精忠报国"、"文天祥抗元护宋"、"林则徐虎门销烟"以及好些潮汕动人的民间故事，给孩子们带来勇气和希望。

李嘉诚深深地敬爱他的母亲。

李嘉诚走上社会，希企帮助母亲撑起那个负担沉重的家，扶持弟妹们快快成长，努力带来生活的欢愉。

李嘉诚痛下决心，"吃得苦中苦，来日报母恩"。

李嘉诚有志气、有毅力、能吃苦、尚俭朴、聪明、有活力，这些都是令母亲感到高兴的。

功夫不负有心人，一心报母的李嘉诚终于时来运转。

李嘉诚"发迹"了！老母亲也舒心地微笑着。

庄老夫人是一个虔诚的佛教徒，经历了人生的许多苦难，仍然谆谆教诲自己的孩子：要循古德，要讲"忠恕"之道，要"慈悲为怀"。

李嘉诚表示过："我旅港数十年，每碌碌于商务，然无日不怀恋桑梓，缅怀家国，图报母恩。"

他尊重母亲礼佛的心愿，数次以老母亲的名义捐资，在家乡潮州整修开元护国禅寺。

为了让母亲晚年生活过得欢愉，他斥巨款在香港渣甸山给母亲购置了一座花园别墅。

每天上班前，下班后，他总要上门见一见母亲，听一听教诲。

每天他都吩咐管家上市买活鱼来烹煮，给老人家补养身体。

凡有亲朋馈赠食品，凡为母亲所喜欢的家乡土特产或为母亲所中意的美食，他必亲奉母亲先尝。

当母亲病重入院治疗时，他亲自小心翼翼地把老母亲抱上救护车，抱下救护车，生怕有所闪失而增加母亲的痛苦。

老母住院治疗期间，他极尽人子之孝，日夜守候勤加护理。

他听从母训，对弟妹极尽心力，帮助他们成家立业闯天下。

1980年，李嘉诚拿出巨款对府城北门街面线巷的祖宅重新改建，妥善地安排了堂兄们及子侄辈，让他们安居乐业。

1986年5月1日，庄碧琴老夫人去世。李嘉诚为母亲举行了隆重的追悼及殡葬仪式。是日，香港总督卫奕信及港府的达官贵人、香港社会的显要贤达、亲朋好友、新华社香港分社主要负责人、潮州商会、潮州公会、香港汕头商会、香港潮安同乡会，以及企业界的同仁等等有三千多人参加追悼会。汕头市市长陈燕发、汕头大学第一副校长林川，率汕头市吊唁慰问团参加追悼大会。

（二）一生只爱你一人

李嘉诚随父亲初到香港，父亲告诫李嘉诚，要在香港生存下去，就要学做香港人，学好广州话。从此，李嘉诚的表妹庄月明就成了李嘉诚的广州话老师。表妹用心教，表哥认真学，不久，李嘉诚便能用广州话与香港人交流了，月明十分高兴。

李嘉诚也发挥自己的长处，教月明学习中国古典诗词。这对"青梅竹马，两小无猜"的表兄妹，是当时庄家最为动人的风景。那一段日子，也成了李嘉诚动荡童年中最温馨的回忆。

1943年，李嘉诚的父亲去世。从此，李嘉诚和表妹走的是两条截然不同的人生之路。庄月明一直家境宽裕，深得父亲宠爱。庄月明聪明好学，以优异的成绩毕业于英华女校，随即考入香港大学，获得学士学位，又北渡东瀛，留学于日本明治大学。青少年时代的庄月明，一帆风顺，人生的道路上，开满鲜花。而表哥的人生之路却非常坎坷，充满了磨难。

月明对李嘉诚一直都是一往情深，当李嘉诚踏上谋生路后，她在精神上对李嘉诚的慰藉和支持，鼓舞着李嘉诚战胜了一个又一个的困难。1950年，22岁的李嘉诚在筲箕湾创办了长江塑胶厂。

历经磨难，李嘉诚依靠推出的塑胶花，终于成为了"塑胶花大王"。事业有成的他与庄月明的爱情也本该瓜熟蒂落。但好事多磨，若按世俗的眼光，他们并不门当户对。月明出身富贵名门，受过高等教育，才貌双全；而李嘉诚出身寒微，只读过初中，虽然事业初成，但将来怎样还是未知数。而庄静庵和李嘉诚母亲庄碧琴也表示反对。

转眼到了1963年，李嘉诚已经35岁，月明也已经31岁，他们对爱情的执着和真诚终于感动了庄静庵夫妇和庄碧琴，在一片祝福声中，李嘉诚牵着庄月明的手，幸福地踏上了红地毯。

婚后，庄月明加入长江实业公司，她流利的英语和日语、谦和勤勉的作，都得到了同事的认可和尊崇。1964年8月和1966年11月，李泽钜和李泽楷兄弟相继出生，庄月明渐渐退居幕后，相夫教子，孝敬家婆。

1972年11月，"长江实业"上市，这是李嘉诚事业上的重大转折点。庄月明出任执行董事，是公司决策层的核心人物之一，李嘉诚不少石破天惊的决策，均蕴含了庄月明的智慧和心血。但庄月明在公众面前始终保持低调。

进入20世纪80年代，李嘉诚的事业如日中天。庄月明别无所求，丈夫事业成功就是她最大的心愿。1989年12月31日夜，李嘉诚携夫人出席在君悦酒店举行的迎新年宴会，夫妇俩容光焕发，是宴会上最"抢镜头"的一对伴侣。不料翌日下午，庄月明却突发心脏病，于医院逝世，年仅58岁。

当时李嘉诚也才60出头，身体硬朗，精神奕奕，又是富豪，因此不乏主动示爱的美女。香港不少富商都以绯闻为荣，但李嘉诚始终如一块白璧。港人都知道李嘉诚和庄月明情深似海，所以至今竟无人向他提及续弦之事。

第五节　追求内心的富贵

一、经典名言

能够在这个世上对其他需要你帮助的人有贡献，这个是内心的财富，也是真财富，任何人拿不回来。否则不过是富而不是贵。

——李嘉诚

二、经典事迹

李嘉诚的人生可谓是财富的人生，但李嘉诚又从未把外在的财富与人生划等，在他的心目中，真正的财富是内在的财富。

"最要紧的就是内心世界，你会感到世界上有很多不幸的人，那么，你能力做得到的，你这一生应该好好尽心尽力去做。你明明有多余十倍、百倍都不止的钱时，为什么不做这件事情？这使得一生有意义得多。我如果再有一生的话，我还是走这条路。社会要进步，离不开支持关怀，这方面，你可以带给很多百姓幸福安乐。"

（一）真正的富贵

"不义而富且贵，于我如浮云。"这句座右铭让李嘉诚几十年来始终保持对公益事业的激情。在李嘉诚心中，财富不是单单用金钱来衡量的。能够在这个世上对其他需要你帮助的人有贡献，乃真财富。

"能够在这个世上对其他需要你帮助的人有贡献，这个是内心的财富。这个是我自己创造出来的，这个是真财富。因为金钱的财富，你今天可能涨了，身价高很多，明天掉下去了，你的财富可以一夜之间变为一半。只有你做出使世人受益的事，这个才是真财富，任何人都拿不走。"

当李嘉诚被问及对教育和医疗这些慈善事业投入这么大，与他幼年的经历是否有关时，李嘉诚没有否认。

李嘉诚说："童年我是一个非常喜欢读书的人。战争期间，我们一家人来到香港，当时日本人已经占领香港了，于是我妈妈带着我弟弟、妹妹回到家乡去，香港只有我跟我爸爸。那时每天晚上爸爸都会咳嗽。因为爸爸的咳嗽，每天晚上我心里都很难过，但他根本没有看过医生，等到他自己知道严重了，才联系公立医院。半年后，在医药不够、经济困难的情况下，他去世了。

"所以这一段经历给我非常深刻的影响，就是说，如果有一天，假如我的事业可以达到某种程度，我就要为医疗事业做一点事。要牢牢记住，教育、医疗都是最重要的。教育来讲，我认为自己也幸运，怎么样幸运呢？因为在那一段最困难的时期，我一路都是尽量求进步、尽量抢到多一点学问，到今天这么多年来，是没有一天停过的。甚至旅行，我还是带着要看的书。

"我一生中有两个关键时刻。一个是我11岁的时候，一个天真、充满幻想的小孩子跑到香港，见到一个不是我所希望的世界，我转眼之间就变得成熟了，非常努力，不怕辛苦，充满责任感。第二个应该是我二十七八岁的时候，那个时候我可以说'贫穷，我永远不会再见你了'，也就是说以后都不需要做事了，可以退休了。但是骤然间你发现，财富在一路给你增加，可你有什么特别快乐的地方？没有。"

李嘉诚强调："财富不是单单用金钱来比拟的。衡量财富就是我所讲的，内心的富贵才是财富。如果让我讲一句，'富贵'两个字，它们不是连在一起的，这句话可能得罪了人，但是，其实有不少人，'富'而不'贵'。真正的'富贵'，是作为社会的一分子，能用你的金钱，让这个社会更好、更进步，能让更多的人受到关怀。所以我就这样想，你的贵是从你的行为而来。

"如果你去看我们中国很多哲学家，他是讲'贵为天子，未必是贵；贱如匹夫，不为贱也'，就是一个普通大众，普通工作者，未必是贱，你天子也不一定是贵。就是看你的一生所做的事，所讲的话，怎么样对人对事，这个是我自己领悟出来的。"

（二）建立自我，追求无我

有人说，李嘉诚有两个事业。一个是拼命赚钱的事业，名下企业业务遍布全球 53 个国家和地区，雇员人数约 22 万名；另一个是不断花钱的事业，他的投入也足以让他成为亚洲有史以来最伟大的公益慈善家。

作为商界成功的典范，李嘉诚为什么以如此巨大的热情投入公益事业呢？除了他前面所讲的追求内心的富贵，还来源于他对人生的一个哲学领悟。

李嘉诚最能体会范蠡的孤独。"飞鸟尽，良弓藏；狡兔死，走狗烹"，说尽了范蠡对当时社会的悲观与冷漠。当他离开勾践时，一定是彻底的失望与孤独。哪怕最知心的朋友文种，也怀疑他的神经有问题。当躲到齐国海边耕种经营获得成功之后，他敏锐地察觉到嫉妒之火已经临近，于是赶紧散尽家财，分给他惧怕着的亲友乡邻，又一次出逃到陶国。

靠着贱买贵卖的惊世之才，在陶国他又获得成功，横在他面前的却只有归隐一条路，他深刻体会到人世间最强、最有杀伤力的嫉妒正环视着他，他不得不选择消极的抗拒。

李嘉诚遭遇着同样的问题：他超越自我、几十年如一日生生不息、艰苦卓绝地奋斗，却被曲解为"唯利是图"、"无商不奸"。李嘉诚不愿追随范蠡，他有着更高的人生标尺。富兰克林的故事寄托了李嘉诚的宏愿。

富兰克林，1706 年生于波士顿，家境清贫，12 岁当印刷学徒（李嘉诚12 岁开始当茶童），1730 年接办宾州公报，为政府印刷纸币，在实业上获得了很大成功。他更是一位杰出的政治家，在美国独立后，制宪会议一开始，富兰克林就表现出一个政治家的博大胸怀。虽然他众望所归，但他却提名华盛顿将军当总统。富兰克林还是一个伟大的哲学家和教育家，他倾尽他所有物质的和精神的财富，用于建造社会能力，推动美国人更有远见、能力、动力和冲劲。

以"无我"追求"自我"的范蠡，是中国人的缩影。"建立自我，追求无我"，却是使美国强大起来的一种精神传统。

相对于范蠡表面"无我"而实际"自我"的追求，富兰克林的"建立自我，追求无我"更能给我们以震撼。李嘉诚从 12 岁给舅舅当茶童的那一天起，就开始了他对社会的观察、体味与解读。他经历过、体验过、化解过多少次人性危机与商业危机已经无法细数了。那一切都被看淡了。现在他向往的和力行的，就是"建立自我，追求无我"的商人精神。

富兰克林的人生标尺，更能为李嘉诚的生命注入活力与激情。这样，他有限的生命，就可以投入一种无止境的追求，就可以踏上充满了无数炼狱的长征。在这样的长征路上，必然充满了压顶的重负、耻辱的挫折、奋勇的激情、创造的充盈、诗化的理想、赤子的普爱……

2004 年 6 月 29 日，李嘉诚与长江商学院学子们交流时，更把内心的秘密与学子们分享。

"当你们梦想伟大成功的时候，你有没有刻苦的准备？当你们有野心做领袖的时候，你有没有服务于人的谦恭？我们常常都想有所获得，但我们有没有付出的情操？我们都希望别人听到自己的说话，我们有没有耐性聆听别人？每一个人都希望自己快乐，我们对失落、悲伤的人有没有怜悯？每一个人都希望站在人前，但我们是否知道什么时候甘为人后？你们都知道自己追求什么，你们知道自己需要什么吗？我们常常只希望改变别人，我们知道什么时候改变自己吗？每一个人都懂得批判别人，但不是每一个人都知道怎样自我反省。大家都看重面子，但是你知道诚信的意义吗？大家都希望拥有财富，但你知道财富的意义吗？各位同学，相信你们都有各种激情，但你知不知道什么是爱？"

李嘉诚还在继续思索着他如何成为一个强者的主题。2005 年 9 月 25 日的一次会议上，李嘉诚进一步阐发着他的理想与信念。他说："我相信有理想的人富有傲骨和诚信，而愚昧的人往往被傲慢和假象所蒙蔽。强者的有为，关键在我们能否凭仗自己的意志坚持我们正确的理想和原则；凭仗我们的毅力实践信念、责任和义务，运用我们的知识创造丰盛精神和富足的家园；我们能否将自己生命的智慧和力量，融入我们的文化，使它在瞬息万变的世界中能历久弥新；我们能否贡献于我们深爱的民族，为她缔造更大的快乐、福祉、繁荣和非凡的未来。"

已届耄耋之年的李嘉诚，仍然真诚地投入了建构一国精神山脉的工程之中。他知道，当我们的心灵强大时，我们便可以创造一切，享受一切。

第十章　他这样热心慈善

2010年9月底，两位世界顶级富翁沃伦·巴菲特与比尔·盖茨来到北京，并且邀请50位中国富豪参加一场"慈善晚宴"，即"巴比晚宴"。他们二人来中国前就已在美国成功劝说40名美国亿万富翁公开承诺捐赠自己至少一半的财富，所以，盖茨与巴菲特的中国之行，也被解读为"劝说中国富豪参与慈善募捐"。

这不禁教人感慨：财富有情。如今，在坐拥百亿财富之际，富豪们仿佛不约而同热心于慈善事业。如著名的洛克菲勒家族四代连续捐款超10亿美元；比尔·盖茨为慈善事业已投入260亿美元，占其全部财产的54%，甚至早早立下遗嘱：死后99%的财富捐献给慈善事业。

在中国，一些富豪也不遑多让，纷纷慷慨解囊，大行善举。这其中，有一位香港商界巨子尤为出色，堪为楷模，他就是李嘉诚先生。

第一节　善事让人内心富有

一、经典语录

　　我的钱来自社会，也应该用于社会，我已不再需要更多的钱，我赚钱不是只为了自己。为了公司，为了股东，也为了替社会多做些公益事业，把多余的钱分给那些残疾及贫困的人。

——李嘉诚

二、经典事迹

　　许多经商者有时对钱财看得很重。他们认为，自己辛辛苦苦创业，挣点儿钱实属不易。而有智慧的经商者却把钱财看得很淡，他们解囊相助，慷慨捐助公益事业。李嘉诚就是这样一个热心公益事业的人。

　　李嘉诚一直心存这样的信念，他认为，钱来自社会，应该用于社会。因此，他无论在生意场上是否顺利，都将自己对社会的责任放在一个十分重要的位置。

　　李嘉诚这样说："如果我的财富能换取世界和平，让孩子得到母爱，让亲人得到团聚，让勤奋的青年得到教育，让贫病的人们得到温暖和及时的治疗，我有什么舍不得呢？"

（一）悟出金钱真义

　　李嘉诚从小目睹父亲从受人尊敬的小学校长，落魄到一位寄人篱下的职员。他经历过没钱就没有尊严、没有家、无法读书的困境。但是年轻时，李嘉诚却曾是金钱主义的追求者。

　　1956 年，李嘉诚 28 岁，在创业后第 6 年，他已经跻身百万富豪。那时候的他，体会到事物安享的乐趣，西装来自裁缝名家之手，手戴百达翡丽高级腕表，开名车，甚至拥有游艇。他也开始尝试上流社会的玩意，玩新型莱卡相机，并在列提顿道半山腰买了面积近 200 平方米的新宅，将妈妈接来同住，新宅面向维多利亚港，与当时一般香港人的住房相比，这已经算是"豪宅"。

可是，搬进新家那天晚上，他彻夜难眠。那个失眠的夜晚，16年来的一切全都浮现在他眼前，一切都是那么历历在目——一家人从潮州多山地区仓皇逃离的景象；童年与祖母相偎而眠的温暖，到香港后必须搬开家具才能全家打地铺入睡；创业后以工厂为家，唯有机器运作的声音能让他安稳入睡，机器一停他就惊醒的日子……曾有的快乐与痛苦的一幕幕让他沉浸其中，新家的安静、宽敞，显得何等不同。

"还不到30岁，我就拥有足够我一生开销的钱。"变成富翁后，李嘉诚却茫然。"为什么有钱不如我判断的这么快乐？"他问自己。

李嘉诚走出新家，驾车往山上开，在一条单向道尽头停下，坐在树下的石头上，望向维多利亚港思考："我这么有钱，身体很好，为什么没有非常快乐？我不喝酒、不赌博、不跑舞厅，我赚再多，也不过如此。"

"财富能令人内心拥有安全感，但超过某个程度，安全感的需要就不那么强烈了。"李嘉诚发现，金钱带来的快乐满足感不能连续。

思索连续到第二天晚上，李嘉诚终于找到答案："人不是有钱什么事都能做到，但很多事，没有钱一点儿也做不到。我一路做，将来有机会，能对社会、对其他贫穷的人有贡献，这是我来到世界上可以做的。"同时从那时开始，他对金钱有了截然不同的看法，不再重视一般的外表与事物，安享简单的生活。他领悟出："内心的富贵，才是真富贵。"

李嘉诚常常说："有的人，一生之中，他虽然非常长寿，但是在这个世界上，社会、家人没有得到他的益处。那么，他这一生是有一点浪费了。我在这里讲，一个人如果在这个世上，只有懂得衣食住行都是好的，那么你已经有了这个条件之后，应该对社会多一点关怀，你可以说是义务，也可以说是责任。"

（三）最终事业

2007年，李嘉诚在汕头大学以校董会名誉主席的身份，在该校毕业典礼上以《活出你的故事》为题致辞，赢得了汕大师生阵阵喝彩。

李嘉诚说："一个人通过自身的努力，为自己和家庭争取成就、建立幸福是非常重要的。然而，取得成就和真正成功是有很大区别的。要做一个比成功更成功的人，拥有专长、技能、学历、人际网络或经验只是基本功，更重要的是确立你与众不同的特质和看世界的角度。"

这位成功的企业家还谆谆教诲："思维单一的人也许终生只追求财富和满足于拥有权力，但其人生意义却很狭隘和失诸平衡，一个一生能够肩负理想、承担抱负、以爱心为原则、热诚投入及实现价值观的人，他们的生命却是无尽的。"

其实，李嘉诚从未把赚钱的事业当成最终事业，他不止一次地说起自己对用钱的事业，即公益事业的格外看重。

"回想起来，其实我不喜欢做生意，我本来希望创业后尽快赚取足够应付我与家人往后十年的生活费，便回到学校念书。可惜事与愿违，因为一位客户的公司突然倒闭，我不但收不到应得的钱，也要赔上工厂过去所赚取的利润和重返校园的愿望。但我后来想通了，事业成功，可以把钱捐出来帮助有需要的人，工作便变得更有意义，于是我决定发展自己的事业，在空余时间自修。

"通常我去演讲，我需要一个稿子，但是，如果讲到教育、医疗、救助残疾人工作，我讲起来都不需要什么，什么稿子都不需要，我内心积压了太多太多，我可以分析得非常清楚，另外这个可以讲是由衷而发。我说，如果教育跟医疗，我拿金钱出来，有人可以跟我一起达到我的目标，去做到最好，我出钱，他出名，我在后面，都可以。我说，甚至可以说，如果能够帮助很多很多人的话，在医疗、在教育方面，你叫我给他叩头都可以。"曾有媒体采访李嘉诚，心目中最快乐的是什么，李嘉诚毫不犹豫地说："最幸福的还是把我的时间和力量奉献给教育、医疗健康事业的时候。"

李嘉诚不是简单地将钱捐给慈善机构了事，而是真正参与其中。他强调："我不喜欢只在支票上签字，而喜欢亲身融入所援建项目的整个过程。就像先评福利活动的效率性，再亲自去拜访等等，其实就是重新发现金钱的真正价值与我的事业的意义所在。这正是我感到最为欣喜的瞬间。"

有一次，汕头大学医学院的院长出差到香港，和李嘉诚约好一起吃午饭，好商谈筹建汕头大学医学院眼科中心的具体事宜。就在李嘉诚准备去赴约的时候，他的小儿子李泽楷找他谈一些生意上的重要决策。李嘉诚看了看表说："我只能给你5分钟，5分钟之后我约了汕头大学的人谈事情。"

李嘉诚并非不在乎那些能为自己日进斗金的生意，可与公益事业相比，他更愿意花更多时间在公益项目上。李嘉诚曾经在汕头大学，说过一句几乎所有汕大人都耳熟能详的名言："我对教育和医疗的支持，将超越生命的极限。"这句话也代表了李嘉诚一生对公益事业的奉献态度和无尽的追求。

第二节　我有三个儿子

一、经典语录

我最近常常对人说，我有了第三个儿子，朋友们听说后都一脸不好意思的恭喜我。我是很高兴，我不仅爱他，我的儿子也将爱他，我的孙儿也将爱他。我的基金会就是我第三个儿子。

——李嘉诚

二、经典事迹

不止在一个场合，李嘉诚先生说：我有三个孩子。很多人都知道，李嘉诚此生只有二子，"第三个儿子"从何说起？简单说，那就是李嘉诚先生的基金会。对于自己的基金会，李嘉诚先生视为自己的第三个儿子，其重视程度，可见一斑。

想到自己的"第三个儿子"，李嘉诚有些感慨："有一段日子我夜里经常睡不着，为了'李嘉诚基金会'的生存而犯愁。过去年轻的时候我可不是这样，要用两个闹钟有时都叫不醒。后来有一天夜里我突然对自己说：哎呀，我傻了吗？为什么不把'李嘉诚基金会'当成自己又多了一个孩子？这样基金会哪怕在我百年之后也不会消失，也还可以健康地发展，谁都不能从里面拿走一个铜板。"

（一）打造"奉献文化"

在接受香港的《亚洲周刊》杂志的采访时，李嘉诚把自己一手创立的基金会称作是心中的第三个儿子。

1980年，李嘉诚为了更好服务社会、回报社会，专门成立了一个基金会，藉以对教育、医疗、文化、公益事业做出更有系统的资助。李嘉诚基金会从创立之日起，就致力于为社会打造"奉献文化"。基金会集中两方面的发展：通过教育令能力增值以及通过医疗及相关建立一个关怀社会。

李嘉诚的如此善举，应该说和他童年时期的经历是分不开的。

因为李嘉诚从少年时代就尝尽颠沛流离的滋味，十几岁被迫退学而出去辛苦打工，养活家人。因此，当他成为香港名流之后，从不曾忘记当年吃苦的感受，更深深体会健康和知识的重要。多年前李嘉诚就曾说过："我吃苹果的滋味跟我儿子吃苹果的滋味是不一样的，如果我不能忘记这个滋味，就更应该帮助还在品尝这种滋味的人。"

正是基于这种心理，李嘉诚竭尽所能去帮助他人，他也认识到个人力量有限，惟有事业成功，才能对社会和国家作更大的贡献。随着事业的大获成功，他将更多的财力、物力用于公益事业，大力支持香港、内地乃至海外华人的教育医疗事业，对于他而言，所拥有财富的最大意义在于："人生在世，能够在自己能力范围之内，对社会有所贡献，同时为无助的人寻求及建立较好的生活，我会感到很有意义，并视此为终生不渝的职志。"

（二）自己不拿一分一毫

1980 年，李嘉诚成立"李嘉诚基金会"，李嘉诚基金会一直致力参与公益事业，并通过资助能提升社会能力的项目，实现基金会的两大目标：推动建立"奉献文化"及培养创意、承担和可持续发展的精神。李嘉诚基金会及由李先生成立的其他慈善基金对教育、医疗、文化及公益事业支持的款额已超逾一百亿港元。此外，李嘉诚还推动旗下企业集团捐资及参与社会公益项目。

李嘉诚基金会的使命，是推动社会建立"奉献文化"本质的力量。基金会主要捐款给教育、医疗、文化及其他公益事业。李嘉诚希望通过教育增强人力和文化资源，通过医疗项目建立一个人文关怀的社会。

有一次，李嘉诚在接受采访时，被问到："现在基金会有多大？它是什么样子？"

李嘉诚说："现在，还是个外界不知道的秘密，但是，可以讲，也应该有今年做的相当一个大数字，但是基金会已经足够可以应付了。同时，我自己是定下一个规则，基金会现在已经有的资产，跟它增长的收支是一直不用的，今年它用多少，做多少，捐多少，我是今年一年就还给它。

"就是它做多少，跟基金会现在有的数额完全无关系。在我健康良好的时候，基金会每年捐的钱都是我额外拿出来的。这个基金会假如今年做十个亿，我放进十个亿给它。那么有一天真的我离开这个世界之后，这个事业也会留给我的儿子，它也是非常稳固的事业。

"这个事业规划了五十年后、一百年后、几百年以后的事，因为有些基金是一年年掉下去，到某个时候，就自然没有了。但是，我现在做的这个基金会，是每一年都有增长，不表示它不拿出来做公益事业，如果我今天离开了，公益事业应该不少于我今天所做的。"

不少企业家成立基金会，更大程度上是出于减少税收的考虑。李嘉诚却截然不同，他的私人捐款，全部是税后捐出。

李嘉诚说："基金会所有收益，不可以为我本人、我的家族成员或基金会任何成员或董事，带来任何直接或间接的个人收益。除了我固定控有股权的上市公司包括长实、和黄、赫斯基之外，我将五十多年的积蓄，全部无条件地送给世上。我庆幸自己能做出这个正确决定，一夜无眠也是值得的，自己更是绝不后悔。"

一次，在采访时，李嘉诚更是强调："基金会章程明确规定，无论是我的家族成员或董事，都不能从基金会拿走一分一毫。基金会做的事最重要的是有成效，只要有好效果，无论二千万、五千万甚至一百亿元的项目，都会去做。基金会超过九成的资源是用在内地及香港。"

李嘉诚基金会的董事周凯旋公开表示："基金会在李先生看来，是个人信念的延伸。基金会不是讲求你有多少钱、多少能力，最重要的反而是：What do you believe？你自己相信什么？你想改变世界上哪一个你不满的现实？"

（三）用智慧经营

李嘉诚基金会所做的事都强调是一种"实验"。在李嘉诚眼里，开办汕头大学是一次很大的实验，希望与政府一块探讨"年轻人怎样准备面对未来的挑战，怎样准备承担对社会的义务"，通过教育系统让学生自己追寻这两个问题的答案。在李嘉诚基金会迄今捐出的 77 亿港元中，汕头大学就占了 27 亿港元。

周凯旋说："但这个实验的结果不会限于汕头大学，因为这样就没有意义了。我们跟校领导花了很大的精力，我们做每一件事时最主要的考虑，就是不是只有我们才能做，而是其他学校也能做，那你才成功。"

周凯旋说："李嘉诚基金会的规模在全球居于前列，每天能收到大约 200 个申请。我们的做法是这样的——我们有个小组，按李先生的规定分析排序后再让他考虑。"

此外，李嘉诚基金会还很重视政府对项目的支持。周凯旋说："政府配套是很重要的。比如，我们捐助美国伯克利 4000 万美元建一个生命科学中心，关键时刻带动美国发展生命科学，对方也会按我们的捐助作出配套。"

李嘉诚最厌恶假大空的口号和滥竽充数的人，基金会的人士最怕的是项目做得不好，周凯旋笑着说，最不担心就是资金问题："不是因为基金会资金雄厚，而是因为基金会投资委员会主席是李先生本人，李嘉诚亲手完成基金会的每笔投资。"

李嘉诚第三个儿子的故事，表面看起来仅仅是一种观念的转变，却包含了丰富的大智慧。作为一个普通人，很难感悟李嘉诚的内心世界，很难体会他的那种至高境界。但是，至少这些启示是值得很多企业家借鉴的：

1. 得人心者得天下。按常理，李嘉诚拥有的财富数量级不会让他担心钱的问题，他对财富的绝对控制权完全可以一人独断，不用理会其他人的想法。但是，李嘉诚还是认真地思考了这个问题，在认真地为这个问题找答案。他这样做的目的，是得到家人的理解和支持，得到更多人发自内心的认同和拥护。

企业家拥有企业中最重要的话语权，拥有绝对的权威，但是，如果仅仅利用这种权威来实行统治，而不顾忌更多人的感受，不注重人心的向背，那么，企业家的威望就会滑落到权力的维系上，无法得到发自内心的支持。这也是一些企业家最终被身为高管的股东抱团对付的一个重要原因。

2. 让自己心甘情愿。李嘉诚对家人说："我一生可以成立这样规模的基金，心里绝对不会惋惜。捐出来，是高高兴兴捐出来，去做，也是高高兴兴去做，一点都不会后悔。"他还说："我庆幸自己能做出这个正确决定，一夜无眠也是值得的。"

企业家在决策时，让自己心甘情愿很重要。尤其是在将成果与人分享时，付给高管应得的高薪时，心甘情愿就更加重要了，否则很可能出现别人得多了的不平衡心态，从而影响到企业的大局。

第三节　最大的善事是教育

一、经典语录

为了办好汕大，我什么都肯做。做的工作不仅是百分之百，而是百分之一百零一。等汕大的一切走上正轨后，我会放手在别的地方做第二件、第三件、第四件事情。一辈子做对中国人有益的事，乃是我的基本宿愿。

——李嘉诚

二、经典事迹

李嘉诚自幼就非常好学，但是因为生活困境，不得不放弃学业，投身于谋生的事业中去。但是李嘉诚并没有就此放弃学习。买不起新书，他就买旧书；白天工作没有时间看书，他就晚上看。直到今天，他依然坚持每晚睡觉之前看书。

因为，他明白，没有知识，就没有进步。一日不学，就要落伍。

如今，当年的穷小子成了富甲一方的商业大亨。但他为富而仁，广为善举。鉴于自己的童年没有书读的经历，他尤为关心教育，并用他的实际行动来促进教育的发展。

（一）情系山区学校

李嘉诚深信知识可以改变命运，对于教育方面的投资，他总是不遗余力。为响应中国政府全面开发大西北的策略，支持西部地区的教育医疗发展项目，李嘉诚通过基金会和旗下集团公司共捐款3亿元，开展"李嘉诚基金会西部教育计划"。

为了深入了解中国西部的社会状况及教育现状，李嘉诚还放下日常工作，亲自率领基金会人员到西部多个地区进行实地访问，其中包括新疆、甘肃、青海、四川、重庆、贵州、广西等，他不仅认真考察当地状况，还与地方领导及大学负责人讨论怎样才能行之有效地提高西部的教育水平，培养人才，加速西部地区的开发。

经过 9 天的考察和研究，李嘉诚最后确定了针对西部开发的多个大型项目，其中他最为重视且覆盖面最广的两个项目为："西部大学网络建设工程"以及"西部中小学现代远程教育工程"。在大力加强西部 12 所大学的资讯科技基础建设的同时，李嘉诚认为更重要的是让孩子们从小就有书可读。

李嘉诚指定专款用于西部偏远地区 5000 所中小学引进现代卫星远程教学新科技，使西部中小学的电脑教育及网络技术的运用更普及，使资源较缺乏的山区学校能直接收看卫星数字电视、多媒体数据广播节目，让西部广大的中小学生共享优质教育资源。

2001 年 2 月 24 日，李嘉诚亲自来到贵州省布依族苗族自治县石头寨小学，参加"西部中小学现代远程教育工程"的开通仪式，在全校师生们好奇而热切的注视中，李嘉诚与教育部部长陈至立一起按下按钮，转瞬之间，电脑通过卫星接通了互联网，给这所地处偏僻的山村小学打开了通往全世界的一扇窗。

看着激动不已的孩子们，回忆在西部的所见所闻，李嘉诚感叹到："我这次西部行，一路行来，慨叹西部发展的道路如蜀道之难行。沿途我有一个强烈的感觉，一个地方如何利用资源，如何改善贫乏环境最重要的因素，是人才的培养。有好的人才，我们才会寻找发挥资源的最好方法；有好的人才，我们才会寻找到解决资源贫乏的最佳途径。而要培养人才，关键又在于教育，大山再高也挡不住知识。"

李嘉诚的西部之行，也带动了香港商业界对开发西部的热情，西部地区迎来了前所未有的发展机遇。但李嘉诚也并不是盲目地对西部进行投资，而是把握原则。当他来到青海时，青海某大学的一位负责人向他介绍计划铺设校园网时，称需要资金 800 万元。

李嘉诚听后略作沉默，随后指着一旁的矿泉水说："如果生产这瓶水只要 8 万，但在申请资金时却说需要 10 万，那多余的 2 万就是浪费。"后来，他又多次拿矿泉水做比喻，指出如果矿泉水瓶的厚度已足够使用，那为什么还要多花钱加厚瓶子呢？

李嘉诚的话讲得很有技巧，作为一个完全依靠自己能力打拼出来的华人首富，他仍然注重每一分钱都用在刀刃上，他认为不必要的花费就是可耻的浪费，无论别人给予你什么，最终还是要靠自己的努力，不能养成依赖的习惯。

（二）办汕大不惜代价

李嘉诚认为，一个国家想要自立富强，首选应做的就是振兴教育。李嘉诚发现自己的家乡，素有"海滨邹鲁"之称的潮汕地区，却连一所正规大学都没有的时候，他既吃惊又难过。70年代，正值改革开放来临，汕头成了经济特区，正是大力发展的时候，却面临缺乏高素质人才的担忧，这令汕头政府感到头疼，也令李嘉诚感到担忧。

在汕头建一所高水平的大学是当务之急，李嘉诚念及此，立即开始行动，在1979年，李嘉诚主动多次找到香港南洋商业银行董事长、德高望重的庄世平先生，表达自己的心愿，反复多次商议关于创建汕头大学的事。

李嘉诚对庄世平说："我国政府顺应民心，实行开放政策，使旅居各国华侨、港澳同胞更感报国有门；我是一个中国人，中国人总要为国家民族争一口气；中国人要做出点事情来让外国人看看；能为国家为家乡尽点心力，我是引为光荣的；创建汕头大学乃其时也。"

李嘉诚恳切地对庄世平说："关于创办汕头大学的事，刻不容缓。就让我先带个头吧！相信以后会有许多人跟着来的！"

李嘉诚又和庄世平具体地商议着，"办一所大学需要多少钱？"庄世平笑答道："这当然是需要很多投资的。也许会是个'无底洞'！钱越多越可以把事情办好！"李嘉诚当即毅然表示："那我就先出3000万港元吧！"

庄世平先生对李嘉诚先生这一报效桑梓、兴学育才的宏愿和义举深表赞许和支持。他很快地将李嘉诚先生的决心和意愿向中央、向广东省的领导人作了报告，并很快取得了中央领导人的首肯和支持。

就这样，在1980年5月，以广东省委书记吴南生为主任的汕头大学筹委会在广州成立了。同时12月18日吴南生、李嘉诚、庄世平、蚁美厚等一行，专门莅汕，汇同汕头地委、专署、汕头市委、市府有关领导，对建校校址进行了认真的研究、选择和讨论。翌年，也即是1981年4月，在广州成立了汕头大学筹委会办公室。

李嘉诚将首笔捐款3000万港元汇到了汕头大学筹委会的账户上，汕头大学破土动工。李嘉诚为了把汕大建成一流大学，倾注了大量心血，亲自参与汕大的选址、奠基、设计、施工以及后期聘请教师工作等等。

可就在这时，中英之间关于香港问题的首轮谈判出现了问题，香港地区人心惶惶，经济急速下滑，各行各业都受到极大影响。李嘉诚的公司也受到一定损失，而汕头大学后期需要的资金将是一个极为庞大的数字。一时间，是否继续捐款用于汕头大学的建设，成为萦绕在李嘉诚心头的重大问题。

但是，李嘉诚没有犹豫多久，在家人的支持下，李嘉诚决定继续坚持汇款给汕大筹委会，一定不让汕头大学的建校过程停顿下来。

当时，黄辛白任国家教育部副部长，在出国考察途中，他专门到香港与李嘉诚见面，并体贴地表示，希望李嘉诚在安然度过香港目前的经济危机后，再考虑建设汕头大学的事情。李嘉诚大为感动，同时更加坚定地表示，自己不惜任何代价，都要努力坚持下去。他甚至激动地指着自己的办公大楼说："我就是卖掉它，也要把汕大办起来。"

（三）不要署名

早在汕头大学筹建之时，就有人建议将其命名为李嘉诚大学，被李嘉诚严词拒绝。

1986 年，汕头大学大礼堂落成了。这个体现 80 年代世界先进建筑水平的大礼堂，拥有 1795 个座位。每个座位都是日本制造的红色绒软座椅，由于整个礼堂的总投资是 2250 万港元，故以座椅来作平均计算的话，每只座椅的平均值是人民币一万元。汕大礼堂堂皇瑰丽，豪华气派。许多师生员工都建议把大礼堂命名为"嘉诚堂"，校方也多次向李嘉诚先生提出建议，但都被李嘉诚否决。他还郑重地写信给校董会吴南生主席、林川副主席等人，表示了坚决明确的态度。

李嘉诚说："如果你建起一个大学，太多的股东的名字，这边一个，那边一个。我自己好像是感到有不好的地方。有的人希望最好自己的名字更大一点，更醒目一点。但是，一个人有一个人的人生观，我的人生观是我做的都是自己认为对这个国家民族有利的，只要能这样做下去的话，那么没有我的名字是不要紧的，只要做好这个事业……"

李嘉诚不仅不署自己的名字，也不让人署父母的名。曾经有过许许多多的人，都劝说过李嘉诚，在他捐建捐助的地方，用父母亲的名字来命名，既可缅怀先辈，又可启迪后人。可是，李嘉诚都婉言谢拒了。

李嘉诚说："人死后已经返归自然了。人死后会有灵魂吗？如果人死后会有灵魂的话，那么，父母在天之灵亦会知道儿子在人世间做了好事，亦会感到安慰的。假如人死后没有灵魂的话，就是写了父母的名字又会有什么用处呢！"

在内地，也有许多的机构和朋友，为了对李嘉诚先生的义举表示纪念，都在他捐赠的贵重仪器设备上写上了"李嘉诚先生捐赠"的字样，或建议用他自己的名字、父母的名字来命名他捐建的学校、医院、礼堂、公寓、道路，他以一贯的做人宗旨也都给予坚决的拒绝。

记得 1984 年元旦，李嘉诚先生参加汕头大学奠基庆典后，在龙湖宾馆他下榻的房间里，提到了这么一件事："前些日子，我在香港看到了一份画报，里面有介绍我对汕头医专捐赠仪器设备的专页。在每件仪器设备上面，都写有我捐赠的字样。当时，我生气了！叫我的秘书马上去给我买一瓶去色的药水来。我把凡写有我的名字的地方统统抹掉。请你转告他们的领导，也告诉林川、罗列副校长，以后再也不要这样做了！"

第四节　扶助残弱为己任

一、经典语录

我相信强者特别要学习聆听弱者无声的呐喊，没有怜悯的强者，不外是个庸俗的匹夫。

——李嘉诚

二、经典事迹

对于残弱者福利事业的贡献，李嘉诚总是显得淡泊而低调："在别人无助的时候，帮一下，是最有益的。"事实上，李嘉诚就是这样把扶助残弱视作己任。他不止一次地说："世界上要成就每一样真正有价值而且值得骄傲的事，都必须有正确的人生观，为理想和目标付出时间、努力、坚强的意志和奋斗精神……大家以崇高的价值观，付出爱心、精神，善用宝贵的资源贡献社会，共同为人生留下美好的种子。"

（一）为癌症患者服务

李嘉诚在接受记者采访时曾说过："我在香港有不少朋友因为肿瘤过世

了，过世之前受过不少痛苦。照我看，如果一个女人分娩的痛苦假如是百分之五十的话，最痛苦的时候是百分之六十，但是这个肿瘤的病症痛苦是可以达到百分之百的。我去医院看望这个朋友之后就想，在内地也应该有这样的病症，假如家境不好的话，用什么去关怀他呢？我去跟汕大的医学院说，希望在汕头建试点，如果好的话，两三年之内，在全国推广这件事。"

1998 年，汕大医学院第一附属医院成立了第一个专门给贫困的癌症病人提供服务的机构。最初，他们提议用"临终关怀"，但李嘉诚觉得这个名字不好，他说："你跟病人医疗的时候，说是临终关怀，是不行的。"考虑数日后，李嘉诚将这个机构取名为"宁养院"。

宁养院从诞生之日由李嘉诚制定了八字方针："贫困、癌症、家居、免费"，提供免费上门治疗服务，包括药物止痛、心理辅导，帮助减轻疼痛折磨，树立尊严，调整心境，使病人能够平静安详地度过人生中的最后时光。服务范围涵盖了潮州、汕头一带及偏远山区。

经过近两年的实践，李嘉诚认为一所"宁养院"所能服务的人群实在太少，因此才调整计划，在内地 16 家医院推广实施"宁养服务计划"，到目前为止，"宁养院"已经扩展到 20 家，覆盖了内地 130 个区县。每个"宁养院"的服务半径为 300 公里，每年由李嘉诚基金会拨付 120 万元人民币，现在已服务 4 万余病患，出诊达到 42.7 万次。

当记者问到，宁养医疗这种服务，是不是一个全国的计划时，李嘉诚立即回答到："是，现在全国共有 20 家。坦白来讲，这个是完全不够的，就是加一百倍，也是不够的。但是，我不能够将所有的精力放在这个问题上，最要紧就是希望大家一道努力，那么这力量就大了，单凭我这个人，是做不大的。"

2002 年 5 月 18 日，英国剑桥大学、英国医学研究委员会（MRC）及英国癌症研究中心联合在剑桥大学成立了最先进的癌症研究中心——和记黄埔/MRC 研究中心。

其中，李嘉诚及和记黄埔有限公司捐款 530 万英镑，而 MRC 亦拨出相同数额，为研究中心建成一座新厦。英国科学及创新部部长桑兹伯里勋爵陪同李嘉诚主持开幕式。

李嘉诚表示："我们十分高兴能够与这所世界第一流的大学和英国医学研究委员会联手合作，推动癌症的深入研究。癌症现已成为人类的头号杀手。通过先进的研究和实际应用，医学界定能发现更好的预防和治疗方法，减轻众多无助病人的痛苦，造福全人类。这项计划实具有重大的意义，因此我非常乐意支持。"

2002 年，李嘉诚旗下的屈臣氏个人护理店与香港癌症基金会发起"粉红革命"，向香港市民宣传预防乳癌的资讯，并筹募善款用于乳癌的研究。

（二）"爱心光明行动"

李嘉诚对眼疾极为关注，尽管他本人的视力并无问题。李嘉诚曾说："一个人如果没有手或没有脚，他还能看到这个世界。可是失明的人，整个世界都是黑暗没有光明的，那种痛苦是不可想象的。"

2003 年，李嘉诚出资成立的汕头国际眼科中心，进行了为期一周的"爱心光明行动"义诊。李嘉诚虽然没有亲临现场，却在香港自己的办公室里通过远程视像技术和现场的人们交流恳谈。

一天下午，远在香港的李嘉诚通过远程视像技术跟一位来自广东高州的少年陈晓彬见面交谈。13 岁的陈晓彬家境十分贫困，几年前不幸患上血癌，虽然成功地做了骨髓移植手术，不幸的是术后不久，就出现了双眼白内障并发症，双眼视力急速下降，几乎什么也看不见，对他的学习生活都造成了很大影响，他的心情也变得非常沮丧。

幸而李嘉诚基金会安排了这次义诊活动，医生经过仔细检查后，为陈晓彬实施了免费手术，而他也是本次义诊活动中第一位受益的患者。

陈晓彬坐在轮椅上被推进了眼科中心的演播厅。此刻，他的眼睛上还蒙着纱布，一会儿纱布就将在李嘉诚爷爷及众人的注视下被揭开。他心里紧张极了，既渴望马上重见光明，他很想亲眼看看这个好心的爷爷是什么样子，却又担心，万一手术没有成功，那自己眼前还将是一片漆黑。

陈晓彬的主刀医生，即汕头国际眼科中心院长林顺潮教授轻轻拍了拍他："别紧张，你很快就能看到了。"随即，一双手轻柔地给他揭开一层层的纱布。晓彬慢慢睁开眼，他真的看到了，他兴奋得大叫起来："我看见了，我又能看见了。"

电脑前，他看见一位非常慈祥可亲的老人正微笑地看着他："你好，晓彬，我是李嘉诚，你能看见我吗？"晓彬激动得说不出话来，只一个劲儿点头。李嘉诚笑着说："晓彬小朋友，祝贺你！你很勇敢，战胜了敌人。"晓彬开心地笑着，李嘉诚又鼓励他好好保重身体，用功读书，勇敢面对人生。

在"义诊周"，来自国内外的知名专家为来自 26 个省市的 128 名患者进行了免费诊断和治疗，给其中 50 多位疑难病患和贫困患者施行了免费的手术。而这期间的费用，全部由李嘉诚买单。

李嘉诚一再重申自己的想法："视力正常的人很难感受失明人士的痛苦。一个人要在黑暗中过一生，痛苦可想而知。我们很幸运，有正常的视力，但并不等于我们不能体会到眼疾人士的不幸。医疗科技一天比一天进步，今天，能为残疾人所做的可以更多，医疗需要更多的人去推动，患者需要更多的人去关怀。'义诊周'只是一个开始，但愿不只为了患严重眼疾的同胞带来希望，同时能唤醒更多人关心眼疾人士。"

第五节　富贵不忘故土

一、经典语录

一个成功的商人不在于他赚了多少钱，而在于他为社会做了多少的贡献。

——李嘉诚

二、经典事迹

从幼年时起，李嘉诚就接受父母的谆谆教导，"发达不忘国家"、"乐于助人"等等。因此，当李嘉诚在商界开创了一个又一个奇迹，缔造了一个又一个辉煌之际，他想到的，首先不是自己如何享受，过上奢华的日子，而是怎么样回馈社会，回报国家。

不少西方富豪愿意将很大一部分财富馈赠社会。他们不仅自己生活简朴，而且认为遗留太多财富给子女并非好事。

而反观大陆富豪，在这方面做的还远远不够。然而，令人欣喜的是，在中国的香港，有一位富豪，他的财富位列华人之首。他的善行善举，亦为世所罕见。在他的影响和带领下，富贵但不忘报效故土的大陆富翁越来越多了。

（一）发达不忘香港

李嘉诚一向有个宗旨，"发达不忘国家；办公益事业乃是我分内之天职"。李嘉诚首先要回报的自然是第二故乡——香港。

从 1977 年起，他先后给香港大学等几个教育机构及基金会捐款 5400 多万港元；1984 年，他捐助 3000 万港元，于威尔斯亲王医院兴建起一座李嘉诚专科诊疗所；1987 年，他捐赠 5000 万港元，在跑马地等地建立三间老人院；1988 年，他捐款 1200 万港元兴建儿童骨科医院；对香港肾脏基金会、亚洲盲人基金会、东华三院捐资共 1 亿港元；20 世纪 80 年代至今，李嘉诚对香港社会福利和文化事业的几十家机构捐善款逾 1 亿港元。

2003 年，非典型肺炎在香港地区肆虐，整座城市人心惶惶，人们不敢出门，即便出门也带着大口罩。医院的医护人员却不得不奋战在第一线，抢救病患，与病魔作殊死斗争。因为在第一线作战，大部分医护人员不敢回家，生怕把病毒带回家。他们被迫与病患一同接受隔离。

在这个时刻，香港某商业电台节目主持人郑经翰倡议说："为弥补政府财力和人员不足，希望全港市民发动'一人一口罩、一人一个橙、一人一维他命 C'的行动，支援处在最危险地带的医护人员。"这个提议在全港引起了人们的共鸣。

郑经翰还特意通过李嘉诚基金会联络李嘉诚，希望他能带头为医护人员作一些贡献。李嘉诚得知后，也深深地被香港医护人员大无畏的专业精神及过度的辛劳所打动，当即表示赞成郑经翰的提议。

李嘉诚说："希望那些忙碌在医疗前线的医护人员，能够知道在这场与非典病毒交手的'恶战'中，有无数香港市民在默默支持他们，希望他们能够战胜病毒，让病人恢复健康。"李嘉诚立即吩咐人打电话到美国，预定了一百万个品种优良的上等"金山橙"。很快，第一批鲜橙运达了香港。

在给医护人员送去百万鲜橙后，李嘉诚没有忘记那些被非典病魔折磨的患者。他在琢磨，自己还可以为他们做什么，才能让他们能减轻一些病痛。最终，他想到了：病人需要得到亲友们的关心，那样心情会好很多，病情也能稳定。可是，非典病人是必须严格隔离，不能随便与家人接触的。那该怎么办呢？

李嘉诚找来了旗下的员工，让他们利用现在的高科技帮助自己解决这个难题。很快，李嘉诚高兴地宣布，为了让正在玛嘉烈医院接受治疗的非典患者能够接受亲友的探访，特意为该医院提供"视频探病服务"，因为接受治疗的病人在玛嘉烈医院接受数星期的隔离治疗之后，还要转到黄大仙医院接受约两个星期的观察，李嘉诚便表示，随后将会把此项免费服务推广到黄大仙医院。

长江实业还提供了多部视频电话，也可以用作"视频探病服务"，这样一来，病人虽然不能同亲友见面，但隔着电脑屏幕，彼此都看得很清楚，可以自由交谈。在亲友们的安慰鼓励下，非典患者们大多情绪好转，变得积极乐观，更加主动地配合医生的治疗。

（二）捐资助故乡

李嘉诚常常感慨："月是故乡明。我爱祖国，思念故乡。能为国家为乡里尽点心力，我是引以为荣的。"1978年，李嘉诚作为港澳观礼团成员，应邀到北京参加国庆典礼。这是李嘉诚有生以来，第一次来到祖国首都，也是他逃避战乱远走他乡39年后，第一次踏上祖国的土地。看到内地贫困落后的面貌，李嘉诚不禁深深地思索："我能为祖国为家乡做些什么？"

这年底，李嘉诚从家乡的来信中，获悉潮州有很多返城的"黑户"，或露宿街头，或挤在临时搭起的矮棚笼栖身。李嘉诚深感不安，马上复函至家乡政府，提出捐建"群众公寓"，以救房荒之急。虽然捐建群众公寓，并不能根本上解决房荒，也算是为家乡父老尽了绵薄之力。

群众公寓两处共9幢，4至5层不等，建筑面积1.25万平方米，安排住户205户。李嘉诚共捐资5900万港元，工期分几年完成，陆续迁入新居的住户无不欢天喜地。

1979年，李嘉诚回到阔别40年的家乡，说出一番感人肺腑的话："我是1939年潮州沦陷的时候随家人离开家乡的，到今天已经有整整40年了。40年后的今天，我第一次踏上我思念已久的故乡的土地，虽然一路上我给自己做了心理准备，我知道僻远的家乡与灯红酒绿的香港相比，肯定是有距离的，但是我绝对没有想到距离会是这么大。就在我刚下车的时候，我看到站在道路两边欢迎我归来的，我的衣衫褴褛的父老乡亲们，我心里很不好受。我心痛得不想说话，也什么都说不出来，说真的，那一刻，我真想哭……"

回港后，李嘉诚与家乡飞鸿不断，他在信中恳切地说："乡中或有若何有助于桑梓福利等，我甚愿尽其绵薄。"

1980年间，李嘉诚捐资2200万港元，用于兴建潮安县医院和潮州市医院，大大改善了潮州的医疗条件。其后，李嘉诚积极响应市政府发起的募捐兴建韩江大桥活动。此外，李嘉诚还多次捐善款，资助家乡有关部门设立医疗、体育、教育的研究与奖励基金会，每笔数额10万到150万港元不等。

李嘉诚的善举义行，在家乡广为流传。

（三）心系祖国内地

李嘉诚不仅关心自己的故乡，也时时心系祖国内地。他捐款资助内地的贫困地区，更为中国残疾人福利事业做出了极大的贡献。但是，李嘉诚从不希望媒体高调宣传这一切，他认为，"作为一个身在香港的中国人，这是应该做的。"

早在1984年，中国残疾人福利基金会成立，邓朴方首次访问香港时，李嘉诚就捐款200万港元。

中国残疾人联合会成立后，1991年8月，邓朴方率中国残疾人展能团和艺术团访港。时值华东水灾，在李嘉诚率领下，港澳同胞纷纷为灾民捐款。邓朴方申明，此次赴港不进行募捐筹款。李嘉诚执意前往看望，在刚刚向华东灾民捐款5000万港元后，又当面送给中国残联一张500万港币的支票。

在会谈中，邓朴方说："我们把你的捐款作为'种子钱'，每用一元，带动各方面拿出七倍以上的配套资金，用到残疾人最急需的项目上，必能取得很好的效果。"

李嘉诚感动于邓朴方的这一番话与自己一贯思路不谋而合，便连声称赞："每一个铜板都是辛辛苦苦得来的，你们使用资金的效益这么高，令人佩服！你们所作的，是一项高尚的事业。"

几个月后，李嘉诚派次子李泽楷来北京，全面了解内地残疾人状况，了解工作的要点、难点及正在拟定的计划纲要草案。几天后，李嘉诚致函邓朴方："贵会最能了解残疾人士之需要，所做之决策亦能令残疾人士无论心理及生理均得到最大之帮助，本人及属下公司均乐意配合……"

如今，李嘉诚播下的这粒种子结出了丰硕的果实，不仅促进了残疾人事业由小到大，从点到面，走上系统发展的轨道，而且使众多残疾人实实在在地受益。

李嘉诚在接受采访时表示，由企业家支持的慈善事业已深入西方社会，无论是医疗保健、还是医药研究，抑或教育事业都有他们的身影；中国现在也会慢慢认识到这点。

中国内地富豪应学习李嘉诚和一些西方富豪多做善事，讲究"取诸社会，用诸社会"，将赚来的钱用在适当的地方，弘扬中华民族济贫恤孤的传统美德。

继李嘉诚之后，已有数十位知名中国企业家投身到了这项事业当中。

据《胡润中国慈善报告》称，被称为中国的奥普拉·温弗瑞的著名电视主持人杨澜，估计总共捐赠了 7200 万美元来成立一家致力于文化交流、环保和教育事业的基金会。

报告还介绍到，中国豪华酒店集团——深圳彭年酒店 85 岁高龄的董事长余彭年向医疗保健事业捐出了约 2.7 亿美元，相当于他个人净资产的 80％左右，中国农村地区数千例白内障手术都得到了他的资助。

正如李嘉诚所说："我一个人的力量是有限的，所有的富人都行动起来，那样的力量才是强大的！"

第十一章　成功的他，就是这样

这个人，不独裁，不骄横，不势利，不跋扈，不放弃，不软弱，不低头，不绝对，不世故，不放慢脚步，也不固步自封。

这个人，总戴着黑边眼镜，据说一身灰色的西服一穿就是十来年，据说只有 3 双皮鞋，没有一双是名牌；这个人每天工作不少于 15 小时，早上 6 点半起床，然后会去高尔夫球场，他说除了高尔夫他没有任何别的娱乐。

这个人，1923 年出生于潮州，1940 年到香港，14 岁失去父亲，18 岁做经理，19 岁做总经理，二十几岁开始自我创业，30 岁的时候资产过千万，39 岁开创华资收购英资财团首例，40 岁成为地产巨头、超级富豪，73 岁首成亚洲首富，资产 110 亿美元。

他就是李嘉诚，迄今，还没有哪一个华人企业家能够超越。在华人世界，可能也没有比他更富有和传奇的人了。

第一节　好猎手是磨出来的

一、经典语录

> 花虽好看，但从石缝里长出来的小树，则更富有生命力！
>
> ——李嘉诚

二、经典事迹

　　追求理想，是李嘉诚一生所作的。然而，在这条追求理想的道路上，李嘉诚绝非一帆风顺，但他却从未在生活的磨砺中退步。李嘉诚极其乐观地说："今天的我，还是得努力地去克服我面对的困难和做我想做的事。这是我们要时刻对自己保持的要求，不单是为了我们本身，为了我们的下一代，为了我们心爱的祖国大地，亦是为了对我们彼此共存的世界作出贡献和创造更光辉的未来。"

（一）德行源自磨砺

　　李嘉诚曾说过："今天社会对'精英'一词有很多定义和误解，对我而言，如果你们能够坚定捍卫你们净洁能反思的心，能努力凭正直取得成就，并关心无助贫弱的人，你就是我心中的精英。"

　　可以说，李嘉诚自己就是这样一位精英。他一直认为，做人要比赚钱更重要，也就是说人要具有很强烈的道德感，并且高标准地要求自己，随时准备服从自己的良知，勇于坚持自己的信念，在需要的时候义无反顾，不计较自己的利益得失，能够站出来表达自己的意见。

　　那是 1943 年的冬天，这个冬天深深地刻在李嘉诚的记忆深处，是他一生中最难以忘怀的。

　　当时，父亲的去世使他那柔嫩幼弱的身躯，感到不堪忍受，使他觉得整个世界像一座巨大且黑暗的冰窖，似乎人世间的最后一丝热气也被父亲带走了。

然而，即使是这样，李嘉诚还是咬紧牙关、鼓足勇气，他希望自己能够带领全家平安地度过这个肃杀凄凉的冬天。

为了安葬父亲，李嘉诚含着眼泪去买坟地。按照当时的交易规矩，买地人必须付钱给卖地人之后才可以跟随卖地人去看地。

卖地给李嘉诚的，是两个客家人。李嘉诚将买地钱交给他们之后，便半步都不肯离开，坚持要看地。山路出奇的泥泞，不时夹带着雨点，寒意逼人的北风迎面而来……仍旧沉浸在失去父亲巨大的悲痛中的李嘉诚，想着这连日来和舅父、母亲一起东奔西走，总算凑足了这笔安葬父亲的费用，想着自己能够亲自给父亲买下这块坟地，心里总算有了一丝慰藉。

这两个卖地人走得很快，李嘉诚一步接着一步地紧跟不舍。两个卖地人见李嘉诚是一个小孩子，以为好欺骗，就将一块埋有他人尸骨的坟地卖给他，并且用客家话商量着如何掘开这块坟地，将他人尸骨弄走……

可是，他们并不知道，李嘉诚听得懂客家话。李嘉诚震惊地想，世界上居然有人如此黑心、如此挣钱的人，甚至连死去的人都不肯放过。想到父亲一生光明磊落，即使现在将他安葬在这里，九泉之下的父亲也是绝对得不到安眠的。而且，李嘉诚也深知这两个人绝不会退钱给他，就告诉他们不要掘地了，他另找卖主。

这次买地葬父的几番周折，深深地留存在李嘉诚的记忆深处，使他不仅受到了一次关于人生、关于社会真实面目的教育，而且对于即将走上社会、独自创业的李嘉诚来说，这是第一次付出沉重的代价所吸取的相当痛苦的教训，也是李嘉诚所面临在道义和金钱面前如何抉择的第一道难题。这促使李嘉诚暗下决心：不管将来创业的道路如何险恶，不管将来生活的情形如何艰难，一定要做到生意上不能坑害人，在生活上乐于帮助人。

李嘉诚常常告诫身边的人："做人是比金钱、权势更有用的东西，它是人的一生中最可靠的资本。它能使人被社会认可，被他人尊重，由此获得成功的助力；它能使人克服困难，排除障碍，使人追求的事业获得成功。"

（二）创业几多磨砺

李嘉诚坐在华人首富的辉煌宝座上之际，犹记得这一路走来，有多少艰辛，多少磨砺。甚至可以这么说，李嘉诚能够取得现今的辉煌，与他当年所遇到的种种磨砺是分不开的。但是，李嘉诚从来没有被创业中所需面对的困难吓倒。

　　李嘉诚常常说:"只要有目标,无论环境如何恶劣,受到什么挫折,都必须有信心、有毅力去战胜它,实现它。"李嘉诚认定的目标,就是"长江",就是他永不止步的事业。

　　创业之初,首先面临的就是资金问题。李嘉诚打工时间没有几年,而且他打工的薪水也不是很高。他每赚一笔钱,除了日常必用的部分外,全部交给母亲,以维持全家人的生活,并没有太多积蓄。

　　不过,李嘉诚从不认为他的积蓄,是他自己省出来的,他总是对他人说:"我之所以能拿出一笔钱创业,是母亲勤俭节约的结果。我每赚一笔钱,除日常必用的那部分,全部交给母亲,是母亲精打细算才维持了全家的生活。我能够顺利创业,首先得感谢母亲,其次要感谢那些帮助过我的人。"

　　后来,李嘉诚好不容易凑了 5 万港元创业资金。其中较大一笔,是他几年来推销产品的提成,另外还有一部分是向亲友借来的。李嘉诚无论在工作中,还是在日常交往中,都给别人留下了良好的印象,大家都觉得他诚实稳重,将来定会大有前途,都乐意资助他创业。所以,在借钱时,并没费太多的周折。李嘉诚雄心勃勃,对自己的未来抱有极大希望,此很想给自己的塑胶厂起一个响亮的名字——"长江"。

　　资金有了,厂名有了,厂房在哪里呢,这个问题必须解决。李嘉诚从港岛到九龙,跑了一个多月,才在港岛东北角筲箕湾租借了一间破烂不堪的厂房。

　　当时,数十万内地人涌到香港,使香港的房产一下子水涨船高,房租高得吓死人,李嘉诚手头的资金实在太紧张,他只能找最廉价的厂房,暂且建起厂来再说。筲箕湾山青水秀,但比较偏僻,交通不便,实在不是办工厂的好地方。但就是这样的地方,也让李嘉诚费了一番周折。

　　李嘉诚当然也明白办工厂应该选在交通便利的地方,但谁让自己穷呢?正因为偏僻,所以租金较低。几经讨价还价,李嘉诚便租下了这间厂房。李嘉诚想,创业之初,到处都需要钱,就这么点钱还是尽量用在生产上,等以后羽毛渐丰、收入有余时,再迁入市区吧。

　　然而,这间厂房实在破旧不堪,窗户几乎没有一扇完好无损的,不是玻璃破碎,就是风钩脱落,房顶上到处都是天窗。香港春夏两季雨水特别多,雨水经常漏泄得遍地都是。厂里的压塑机是从旧货市场上买来的欧美淘汰的第一代塑胶设备,落后得不能再落后了。就是在如此困难的条件下,李嘉诚开始了自己艰辛的创业历程。

　　李嘉诚始终信奉"勤能补拙",虽然身为老板,他仍是当初做推销员时的那种老作风，每天工作 16 个小时。

（三）教子须磨砺

李嘉诚从不因为自己拥有的财富，就娇惯自己的两个孩子，他一直都说："不管你拥有多少家财，但对于孩子就应该从小培养他们独立自强的能力，特别不能让他们养成娇生惯养、任意挥霍的生活习惯。"

李家兄弟在香港圣保罗男女小学上学，在这所顶级名校里，许多孩子都是车接车送，满身名牌，可他们却经常和爸爸一起挤电车上下学。以致两个孩子经常闷闷不乐地向父亲发问："为什么别的同学都有私家车专程接送，而您却不让家里的司机接送我们呢？"

每次听到兄弟俩的质疑，李嘉诚都会笑着解释："在电车、巴士上，你们能见到不同职业、不同阶层的人，能够看到最平凡的生活、最普通的人，那才是真实的生活，真实的社会；而坐在私家车里，你什么都看不到，什么也不会懂得。"

于是，两个孩子和普通家庭的孩子一样，在拥挤的电车里一天天长大。那些神色匆忙、满身疲倦的成年人、那些和他们一样挤电车的孩子，让他们懂得，真实的生活充满了辛勤和劳累，安逸和奢侈并不是生活的常态。

和学校里那些大手大脚花钱的同学们相比，李泽钜和李泽楷甚至怀疑自己的父亲是不是真的像大家说的那样富有。因为小气爸爸不仅很少给他们零花钱，常常鼓励李泽钜和李泽楷勤工俭学，自己挣零用钱。所以李泽钜和李泽楷在很小的时候就开始做杂工、侍应生。

李泽楷每个星期日都到高尔夫球场做球童，看着小小的儿子背着大大的皮袋跑来跑去，李嘉诚甚是开心。而当李泽楷告诉他，把挣来的钱拿去资助有困难的孩子时，他更是笑逐颜开。懂得了勤劳和独立、懂得助人即是助己的儿子，是他想要的好儿子。

李嘉诚开心地对妻子庄月明说："月明，好！孩子像这样发展下去，将来准有出息。"

李嘉诚自幼家境窘困，连小学都没读完，所以为了能够做一个更加成功的人，他积极学习，勤奋地拓宽自己的知识面。李泽钜和李泽楷在父亲的耳濡目染下，学习也很自觉勤奋。

在李家兄弟的童年时期，每天晚上，辛苦了一天的李嘉诚都会坐在书桌前阅读、自学外语。每逢星期日，李嘉诚就会带兄弟俩一起出海游泳，而游完泳后，必定要给他们上一堂严肃的国学大课。

在对儿子日常的教育中，李嘉诚将做一个好人，做一个正直的人的思想潜移默化地灌输到了儿子们的思想中。为了着力培养孩子们的这种美德，李嘉诚不只是说说而已，还在生活中要求他们从点滴做起，做个真正的良善之人。

有一次，香港刮台风，李嘉诚家门前的大树被刮倒了，李嘉诚看到两个菲律宾工人在风雨中锯树，马上把儿子从床上喊了起来，指着窗外的工人说："他们背井离乡从菲律宾来到香港工作，多辛苦，你们去帮帮他们吧。"李泽钜和李泽楷马上穿上衣服走进了风雨，而这时的李嘉诚在他们身后绽开了笑容。

第二节　优势是必须看得见的

一、经典语录

我喜欢那些市场占有率高、优势明显的公司。

——李嘉诚

二、经典事迹：

巴菲特曾说过，他只喜欢投资那些具有明显优势的上市公司，因为他们能够带来稳定的收益。而李嘉诚从实业的角度，也坚持同样的观点。纵观李嘉诚的几次并购，无不是遵循了这种原则。

（一）异国征战，进军石油业

在各行各业中，石油是个暴利行业，是个傻瓜进去都会赚钱的行业，天然优势，不言自明。当年洛克菲勒凭借石油，成为美国巨富，号令群雄。20世纪后半叶，天才哈默进军石油业，西方石油公司成为世界第八大石油公司，称雄一时。

李嘉诚对这行业的不可比拟的优势，岂会不知？

1986 年，李嘉诚终于觅得机会，进军加拿大，收购赫斯基能源。

1986 年 12 月，在加拿大帝国商业银行的撮合下，李嘉诚通过家族公司以及和黄，斥资 32 亿港元收购赫斯基石油公司（Husky Oil Ltd）52％股权，其中，和黄与嘉宏国际合组的联营公司 Union Faith 购入 43％股权，而李嘉诚的长子李泽钜购入 9％股权。此外，李嘉诚拥有 9％股权的加拿大帝国商业银行也购入赫斯基 5％股权。

其时，在经历了 70 年代两次石油危机后，油价陷入低潮，全球石油股票低迷，李嘉诚却在这时看好石油工业，做出他当时最大的一笔跨国投资。

"80 年代时中东国家和美国有分歧，石油供应紧张。那时（我）就想：加拿大有石油，政治环境相当稳定，就趁赫斯基亏蚀的时候把它买过来。"李嘉诚在多年后面有得意之色地回忆说。

李嘉诚收购赫斯基能源后，展开一系列急速扩张，趁低价购入更多的石油储存，以及多钻取石油以减低负债。

1988 年 6 月，李嘉诚斥资 3.75 亿加元，全面收购加拿大另一家石油公司 Canterra Energy Ltd，使赫斯基能源的资产值从原来的 20 亿加元扩大一倍。

1991 年 10 月，赫斯基能源的另一名大股东 Nova 集团以低价将所持的 43％股权出售，李嘉诚家族斥资 17.2 亿港元取得了赫斯基能源的绝对控制权。

赫斯基能源于 2000 年 8 月 28 日在多伦多证券交易所上市后，拥有的优质资产市值约达 420 亿加元，其业务涵盖了上中下游的勘探生产原油、精练合成原油，以及分销汽油等。

经过多年开源节流和技术改造，李嘉诚把赫斯基由一家亏损企业变成了利润驱动器。同时，李嘉诚不断增购赫斯基石油股权。

此后，赫斯基能源公司（Husky Energy）成了李嘉诚旗下和记黄埔最赚钱的"盈利老虎"。2010 年，世界油价已经达到 80 美元一桶以上，赫斯基能源所获利的黄金白银可想而知。

赫斯基如今成了和黄的中流砥柱。2008 年，受美国次贷危机和全球经济放缓影响，和黄主营的港口码头业务业绩有所下滑。李嘉诚在业绩会上自信地说，"赫斯基能源在七八年前还被人批评亏损，但是今年和黄最大的盈利贡献就来自赫斯基。"

（二）百年字号，屈臣氏之春

屈臣氏是亚洲历史最悠久的商号之一。它的历史可追溯至 1828 年，当时在广州沙面开业起名为"广东大药房"，药房开业的那年，无人能料到，这间不起眼的药店就是一个零售王国的前身。成立之初它便以为广东一带的贫苦大众赠医施药等善举赢得赞誉一片。

1841 年，其进驻香港并易名为"香港药房"。自屈臣氏（Alexander Skirving Watson）于 1858 年加入香港药房担任经理后，他的名字便与香港药房结下不解之缘。1871 香港药房改名为 A. S. Watson & Company 这个名字，用广东方言将公司名译为"屈臣氏大药房"。

1880 年，屈臣氏进行改组，成为公众性股份有限公司。第二年屈臣氏在上海南京路设立分号，随后又相继在汉口、天津、福州、厦门等城市设立分号或代理处。

屈臣氏卖的药可谓五花八门，脱鸡眼药水、光鲜嫩面水、涂面花露水、玫瑰甘水等，应有尽有。最有趣的是其英国人店主开发研制出"戒洋烟精粉"，宣称要斩断数百万人的烟瘾，并将戒烟药呈送给诸位总督、巡抚，请他们分送给瘾君子们除害。此举让大清政要颇感欣慰，他们纷纷题赠匾额，以示嘉勉。李鸿章为屈臣氏题赠"妙手回春"四个字。

除了经营中西药之外，屈臣氏还经销和代理欧美的化学品。上世纪末，西方的"荷兰水"（汽水）已打开上海市场，成为时尚饮料，该公司又创办"屈臣氏汽水厂"。据说，上海人改称"荷兰水"为汽水就是由此开始的。"屈臣氏"还代理进口酒类饮料，风靡世界的"可口可乐"公司进入中国之前，就是由"屈臣氏"总代理。

屈臣氏还有一段资助孙中山读书的佳话，据孙中山的同学江英华自述，孙中山 1887 年开始在香港学医，学费由其兄自檀香山寄港，但是其兄生意不景气，每月汇的钱不足以应付学费及生活费。恰巧香港屈臣氏药房东主夏菲士（Humpheys）病重，由孙师康德黎治疗，康德黎选了孙中山、江英华二人分别在早晚轮流照顾夏菲士，直至病愈。孙、江二人特别是孙中山细心照料夏菲士的起居饮食及进药，使夏菲士深受感动。见二人学习优异但生活窘迫，便提出资助二人读书。夏菲士在该院设立了屈臣氏奖学金，部分助学金则资助给孙、江二人，这也成就了屈臣氏的传奇佳话。

到了 20 世纪初叶，屈臣氏已经在香港、中国内地与菲律宾奠定了雄厚的业务根基，旗下有 100 多家零售店与药房，被认为是远东最大的药房。解放后，屈臣氏公司退出大陆，驻守在香港地区，其发展步伐较为缓慢。

20 世纪 70 年代，李嘉诚旗下的和记黄埔与屈臣氏来往密切，李嘉诚十分看好屈臣氏的百年老字号及其潜在的发展前景，他果断决定收购屈臣氏。在李嘉诚行之有效的管理下，屈臣氏焕然一新、大放光彩。李嘉诚大举进军中国大陆地产界之后，其商业触角遍及各行各业，屈臣氏店铺也随着李嘉诚的脚步到处落地开花。

第三节　勤勉一生

一、经典语录

如果我的成功真有秘密的话，我想是因为我比别人幸运了几分，多努力了几分。

——李嘉诚

二、经典事迹

勤能补拙，这是亘古不变的真理。李嘉诚之所以做生意很有一套，就在于他深刻地领会到了"勤能补拙"的深刻含义。李嘉诚认为，"很多开始创业的年轻人，都为如何扮演好商人角色而苦恼。我要说的是，你只要思考一个问题就行了：怎么把产品卖出去？因为，一个好的商人，首先是一个称职的推销员。"

现实社会中，许多人都在探究李嘉诚发家致富的秘笈，其实，"勤劳"才是李嘉诚致富的良方，只要腿脚勤快、嘴巴勤快一点儿，数年如一日勤奋进取，天下就没有难做的生意。

（一）五十年如一日

叱咤香江，纵横海内外，李嘉诚这个神奇的名字，在当代已是"成功"与"奇迹"的代名词：他统领着长江实业、和记黄埔集团、香港电灯、长江基建等四家上市公司，业务遍及各行各业，如地产、港口货运、超级市场、医药、基建、电讯、酒店、保险、水泥、电力、网络等等，形成一个逾万亿资产的跨国企业帝国。

而李嘉诚本人也荣列世界华人首富，成为有史以来华人最杰出的企业家之一。这一切，使他赢得了"超人"的美誉。

而在这位商界巨子的背后是无限的勤勉以及付出。

李嘉诚幼年丧父，14 岁就开始投身社会，到 22 岁创业时已经过了 10 年非常艰苦的日子。

对于没有童年的童年，没有安逸的青年，他轻描淡写地说："其实是很简单的，我每天 90% 以上的时间不是用来想今天的事情，而是想明年、五年、十年后的事情。所以，我根本没有时间想自己受了多少苦、遭了多少罪。"

几十年如一日，李嘉诚孜孜不倦的奋斗，从来没有停止过。每天晚上他不论几点睡觉，一定在清晨 6 点闹铃响后起床。随后，他听新闻，打一个半小时高尔夫。李嘉诚并未接受过高尔夫专业训练，姿势算不上标准，但成绩通常不错。他认为，重点是打每一球时都保持冷静，有规划。

每天在公司，李嘉诚都能在办公桌上收到一份当日的全球新闻列表，根据题目，他选择自己希望完整阅读的文章，由专员翻译。通常，这些关于全球经济、行业变迁的报道，是启发李嘉诚思考的入口。

然后开始处理公司的事物。对于公司的事物，他要求自己做到"全面知道"。甚至对总部的所有员工，哪怕是看门的大爷，他都能不假思索的喊出对方的名字。

多数时候，李嘉诚 6 点下班，回家后，除了拨打越洋电话，他还有必修功课：夜晚的阅读。除小说外，他广泛涉猎各种书籍，并每阶段设定一个主题。这个工作都意味着一点：他最大的恐惧在于错过见证世界的变化。

这就是一代富豪的一天，忙碌而充实。可能会有好多人问：这有什么，我也能做到。可是，这样的事情，李嘉诚坚持了半个多世纪了，普通人能做到吗？大千世界，芸芸众生，又有几人能够做到。

所以，李嘉诚的成功，是五十年如一日不断勤勉奋斗的结果，是付出无数的辛劳和汗水换来的。

（二）成功捷径是努力

李嘉诚这样说过："你要想别人信服，就必须付出双倍使别人信服的努力。"他一生之所以勤奋不息，不仅是为了追逐理想，缔造成功，也是为了对企业负责，对股东负责。

在长江厂建立之初，李嘉诚的时间是这样安排的：每天大清晨就外出推销或采购，赶到办事的地方，别人正好上班。他从不乘出租车，距离远就乘公共巴士，路途近就双脚行走。

中午时，李嘉诚急如星火赶回筲箕湾，先检查工人上午的工作，然后跟工人一道吃简单的工作餐。没有餐桌，大家蹲在地上，或七零八落找地方坐。当然，这样的日子不会太久，长江厂刚有盈利，李嘉诚就抽钱出来，尽量改善伙食质量和就餐条件，以稳定员工队伍。

"你必须以诚待人，别人才会以诚相报。"李嘉诚与塑胶同行如是说。初创时期的长江厂条件异常艰苦，却鲜有工人跳槽，长江厂的凝聚力，就是建立在"诚"和"勤"字上。

第一批招聘的工人，全是门外汉，过半还是农民。惟一的塑胶师傅是老板李嘉诚，机器安装、调试，直到出产品，都是李嘉诚带领工人一道完成的。第一次看到产品从压塑机模型中取出来，李嘉诚如中年得子一样兴奋。李嘉诚破例奢侈一番，带工人一道到小酒家聚餐庆贺。

李嘉诚身为老板，同时又是操作工、技师、设计师、推销员、采购员、会计师、出纳员。初创阶段，什么事情都是他一手操持。晚上，李嘉诚仍有做不完的事：他要做账，要记录推销的情况，规划产品市场区域，还要设计新产品的模型图，安排第二天的生产。

尽管如此忙碌，李嘉诚依然不忘业余自学。李嘉诚的心中有危机感：塑胶业的发展日新月异，新原料、新设备、新制品、新款式源源不断被开发出来，如果不尽快补充新知识，将会被时代所抛弃。

为了节省时间，李嘉诚吃在厂里，住在长里，一星期回家一次，看望母亲和弟妹。李嘉诚就这样事必躬亲，不仅节省了许多不必要的开支，也使他对全厂每一环节的情况都了如指掌，管理十分细致。此外，做老板的这般拼命，也给全厂员工起到了榜样作用。

样品生产出来后，李嘉诚亲自出马推销，这对他来说是轻车熟路，效果也很明显。随着第一批产品顺利地销出去，一批又一批订单接踵而来。

（三）勤能补拙

做了一辈子生意的李嘉诚，这样总结自己的成功之道："因为我勤奋，我节俭,有毅力。我肯求知,并建立良好的人际关系。"每当面对挫折时,他都比别人更勤奋,在行动中总结出失败的教训,发现跨越挫折的路径,最后一次次地走出了困境。

最让李嘉诚难忘的,还是早年勤奋进取的岁月。在茶楼当跑堂时,每天跑堂的小伙子早已睡去,李嘉诚却依然挑灯夜读,勤奋思考,在不断地规划自己的人生。多年以后,他已经超出了同龄人许多。

"将勤补拙"是李嘉诚的一条重要的人生准则,也是他成功的经验之一。曾经有记者询问过李嘉诚的推销诀窍。李嘉诚不予正面回答,而是讲了个故事:

日本"推销之神"原一平在69岁时的一次演讲会上,当有人问他推销成功的秘诀时,他当场脱掉鞋袜,将提问者请上台,说:"请您摸摸我的脚板。"提问者摸了摸,十分惊讶地说:"您脚底的老茧好厚啊!"

原一平接过话头说:"因为我走的路比别人多,跑得比别人勤,所以脚茧特别厚。"

提问者略一沉思,顿然感悟。

李嘉诚讲完故事后,微笑着自谦地对记者说:"我没有资格让你来摸我的脚底,但我可以告诉你,我脚底的老茧也很厚。"

当年,李嘉诚的父亲离开人世后,为了生计,他被迫辍学,投靠舅父。由于勤奋好学,出类拔萃,20岁他被提拔为业务经理,后来任总经理。再后来为了谋求更大的发展,他辞去了钟表店的工作,专为一家玩具制造公司当推销员,向外推销塑料玩具。做推销工作刚开始那段日子里,为了做得比别人出色,李嘉诚只能靠自己的双手,不断的努力,用勤奋来弥补自己的不足。

那段时间,李嘉诚每天都要背着一个装有样品的大包从坚尼地城出发,马不停蹄地走街串巷,从西营盘到上环到中环,然后坐轮渡到九龙半岛的尖沙咀、油麻地。李嘉诚说:"别人做8个小时,我就做16个小时,开初别无他法,只能将勤补拙。"

现代作家、艺术家老舍曾说过:"才华是刀刃,勤奋是磨刀石,很锋利的刀刃,若日久不磨,也会生锈,成为废物。"对于商人来说,勤奋就是做生意的磨刀石。

李嘉诚认为:"做好一名推销员,一要勤勉,二要动脑。"李嘉诚当推销员时,工作虽然繁忙,但早年失学的他仍用工余之暇到夜校进修,补习文化。勤奋好学,使他不到20岁时,就已经当了一名塑料玩具厂的总经理,可谓是青年才俊，前途无量。

从李嘉诚的人生发展历程来看，他从推销员做起，个人财富从无到有，而后成为华人首富，显然，这个过程离不开李嘉诚善于对外公关，向顾客、股东推介自己的产品和服务。而这就是商人必须具备的推销才能。李嘉诚常说自己从推销中获得最大的成功经验就是：一是，学习；二是，勤奋。

可见，人在事业上要想成功，必须艰苦创业，勤劳刻苦，从而才能在异地安身立命，获得持续发展的动力。李嘉诚就是靠勤劳刻苦，才帮他积累了经验，积攒了资金，最后集腋成裘，缔造了自己的商业帝国。

第四节　心系祖国，永不忘根

一、经典语录

> 身为中国人，应竭尽个人的力量，为祖国多办实事、办好事。
>
> ——李嘉诚

二、经典事迹

李嘉诚先生虽已功成名就，但仍不忘祖国、故乡。他曾充满感情地说："本人旅居香港数十年，无日不怀念国家，思念故里；作为炎黄子孙，必须奋斗自强，发达不忘家国，来日以报效桑梓。"

香港回归祖国以后，李嘉诚更是信心满满地说："我对香港的前途有信心，对中国的前途也充满信心。

"香港的安定繁荣与大陆的安定繁荣息息相关。香港的前景是乐观的，有条件成为'四龙之首'。"

（一）重返内地

虽然离开家乡多年，但在李嘉诚心目中，祖国大陆的建设依然是最值得关注及付出的。1978年9月底，李嘉诚作为港澳观礼团的成员，应邀到北京参加建国二十周年庆祝活动。这是李嘉诚第一次回到祖国内地。李嘉诚等人受到了国家领导人的亲切接见。

此次与国家领导人会面中，李嘉诚表示：以后将投资国内建设。之后的几十年，李嘉诚确实以实际行动兑现了当初的承诺，也充分表达了自己对祖国的关爱。在中国实行了改革开放政策之后，李嘉诚对内地的投资规模不断扩大，投资项目和金额不断增加，其中包括工业、地产、交通、金融、通讯、能源、港口以及高科技等许多方面。李嘉诚颇有感慨地说："中国的改革开放政策为每一个中国人带来了希望。"

1980 年，李嘉诚联合郑裕彤等企业家合组公司，在广州兴建中国大酒店。这是中国首家五星级酒店。同年，李嘉诚向大连造船厂订购四艘远洋货轮。当时，他感到很兴奋，因为国家可以建造世界水平的大轮船。谁知下订后，船价大跌，价钱几乎不及原来的一半，但李嘉诚并不后悔，仍然买船如期下水。事后，他在北京遇到一位当时船厂的负责人，那人对李嘉诚说："你是唯一没有向我们提出减价，或者希望取消部分订购的人。"

李嘉诚还参与投资由中国发射的美制"亚洲一号卫星"。他认为，这是一件值得高兴的事。1990 年 4 月 7 日，李嘉诚偕次子李泽楷等亲自到西昌观看卫星发射。那天晚上天阴，甚至有雨，发射时间已多次后延，亦有人说要改期发射。虽然当时香港有许多事情等待他办理，但他对同事说，即使在西昌再等一星期也是乐意的。他说："想到以中国人制造的火箭把美国人生产的卫星射上太空，那种兴奋之情难以形容。"

在发射之前的两三分钟，他仍在控制室，当快接近倒计时之时，便立即跑上天台。当看见火箭射向天空，从头顶越过的时候，他跳跃高呼，异常激动，比他四五岁时过新年第一次点燃爆竹时的那种兴奋心情更胜多倍。他说，自己这样年纪的人还这样天真，真有点不敢相信，但他愿意保留这点天真。

李嘉诚投资内地，不仅注重经济效益，而且更注重社会效益。进入 90年代，能源、交通等基础设施建设迫在眉睫，这些行业成为国家鼓励投资的项目。诸如北京、上海、广州、福州、重庆、深圳、珠海、青岛、汕头等地，许多项目都是属于当地发展的重点。尽管这些项目一般涉及巨额资金，每笔投资动辄数十亿乃至百亿，且回报期较长。但是，李嘉诚还是签下了许多合约。当这些项目举行签约、奠基仪式时，万众瞩目，庆典场面极为隆重。

（二）投资祖国

李嘉诚对内地的电力和港口方面的投资也是积极的。1993 年，"长实"、"和黄"与汕头市电力开发公司共同投资，组建"汕头长潮电力发展有限公司"、"汕头长海电力发展有限公司"和"汕头长浦电力发展有限公司"等三家合资公司，从事兴建和经营电厂及其配套输变电工程、发电和售电业务。另外，"长实"投资的发电项目还有南海发电一厂、南海江南电厂、珠海发电厂等。

在李嘉诚下属集团中，码头建设属"和黄"业务。"和黄"下属的香港国际货柜码头是目前世界上规模最大的私营货柜码头，经营深水港具备优越条件。"和黄"与内地合资经营码头以后，引入先进技术设备、管理方式和经验，促进内地港口现代化的发展。例如合资经营上海港一年后，其港口容量及处理速度增加了 30%。

1992 年底，"和黄"与珠海港务投资公司合资经营九洲港货柜码头。九洲港自 1993 年 1 月合资运营以来，货物起卸设备、电脑系统及运作方式等均得到改善，吞吐量直线上升。1994 年 4 月，"和黄"再与珠海港务投资公司签署合同，合资经营珠海港（高栏）两个二万吨级泊位，双方各占一半股权。该项目总投资为 5.046 亿港元。不久的将来，珠海港将发展成为符合世界标准的模范港口之一。

1993 年，"长实"连同香港及内地公司组成广东汕头海湾大桥有限公司，合作兴建及经营汕头海湾大桥及有关服务业务。海湾大桥位于汕头港东部出入口的妈屿岛海域，全长 2000 米，总投资约 7.5 亿元人民币，"长实"及"和黄"拥有 30% 的权益。

"长实"于 1993 年连同香港及内地公司组成广东深汕高速公路东段有限公司，合作兴建及经营深汕高速公路东段及有关服务业务。深汕高速公路东段起于陆丰县潭西，经薄美、隆江、惠来北、仙庵、田心、海门，终点达濠，与汕头海湾大桥相连接，全程约 140 公里，计划于 1996 年底竣工通车，总投资约 27.5 亿元人民币，"长实"及"和黄"拥有 30% 的权益。

从上述部分庞大投资看，李嘉诚对祖国确实满腔热情，充满信心。1994 年 11 月 23 日，李嘉诚在 1997 年后香港与内地经贸关系研讨会上说："今日中国，在开放改革政策推动下，各省市基建发展不遗余力，工业水平和规模亦不断提高，经济发展迅速。踏入 90 年代，经济更破纪录高速增长，国内生产总值之增幅位世界前列……作为香港强大后盾的内地，有极理想的投资前景，国内开放政策，国民收入不断提高，形成了一个庞大的市场……种种因素，使本人认为现在应是投资国内的最佳时机。"

李嘉诚早已坐言起行，进行庞大投资，报效桑梓，为祖国繁荣富强尽力。

（三）报效祖国

李嘉诚热心公益和慈善事业，他的捐赠的善行遍及华夏大地。

1984 年，他向中国残疾人基金会捐赠 100 万港元；1991 年，他又捐出 500 万港元，并表示从 1992～1996 年间，将陆续捐赠六千万港元。

1987 年，他向中国孔子基金会捐款 5000 万港元，用于赞助儒学研究，该基金会在山东曲阜为李嘉诚树碑立传。

1988 年，他给北京炎黄艺术馆捐款 100 万港元。同年，捐 200 万港元资助汕头市兴建潮汕体育馆。

1989 年，捐赠 1000 万港元，支持北京举办第十一届亚洲运动会。

1991 年 7 月 12 日早晨，已经起床的李嘉诚，正按照每天的惯例，一边用早餐，一边听广播。突然，广播中的一条惊人消息引起了他的注意。原来中国华东地区发生百年未遇的特大水灾，损失惨重，急需各方支援。李嘉诚当即放下了手中的食物，他觉得自己有责任有义务为陷入危险的华东人民做些力所能及的贡献。

李嘉诚决定：向华东灾区捐款，并且尽可能的发动香港民众参与捐款赈灾。他马上打电话给自己的秘书，分别联络旗下的长江实业、和记黄埔、香港电灯集团、嘉宏国际等四大集团公司的管理负责人，和他们快速商量这件事，很快达成一致。

随后，李嘉诚令秘书即刻联系新华社香港分社，以长江实业等四家集团公司的名义捐款 5000 万港元用于赈济华东灾民。他还一再叮嘱秘书："务必在今天下午 3 点之前将捐款支票送到新华社香港分社。"

当日上午 11 时，李嘉诚在华人行办公室，接受香港《文汇报》等多家报馆记者采访。对于这次与以前大不相同的捐款方式，他解释说：过去自己一般都是以私人名义给公众事业捐款，这一次以各大集团公司的名义，就是想发动全公司的股东和员工都参与进来，为灾区人民做一点力所能及的贡献。

李嘉诚在媒体记者面前认真而坦诚地说道："作为一个在香港的中国人，这是应该做的事。以香港今天的情况，如果每个中国人尽心尽力，应有很大的力量可以帮助华东灾区。希望各界人士、各个社团，只要经济能力许可的，都踊跃参加，用最快的速度、最有力的方式来支援灾区。"

香港各大媒体报刊，当天就刊登出了李嘉诚这一捐款义举以及访问实录，李嘉诚的话语打动了全香港民众，人们纷纷关注华东水灾，并积极捐款、捐物用于赈灾，其热情之高，实在是全港前所未有。没过多久，潮汕地区遭受强台风袭击，李嘉诚又即刻向汕头市政府捐赠 500 万港元，帮助修缮当地校舍和民房。

其后至今，但凡国内发生灾情之后，都能很快听闻李嘉诚主动捐款或捐物资赈灾的消息。如 1994 年华南水灾，李嘉诚捐款 1000 万港元；1996 年云南地区发生地震灾情，李嘉诚闻讯后，立即捐资 1000 万港元用于灾区恢复建设。2008 年 5 月 19 日，李嘉诚捐款 1 亿元人民币，用于为 "5.12" 汶川地震灾区学生设立特别教育基金。2009 年 4 月 22 日，李嘉诚向 2010 年上海世博会中国馆捐赠人民币 1 亿元。

附　录

他 的 简 历

姓　　名：李嘉诚

出生日期：1928 年 7 月 29 日

国　　籍：中国

民　　族：汉族

出 生 地：广东潮州

职　　业：商人、慈善家

毕业院校：北门街观海寺小学

产　　业：长江实业有限公司、和记黄埔有限公司、国际城市集团有限公司等

荣　　誉：

1985 年～1990 年任香港特别行政区基本法起草委员会委员。

1986 年被比利时国王封为勋爵。

1992 年～1997 年任港事顾问。

1992 年获北京大学荣誉博士学位。

1995 年～1997 年任香港特别行政区筹备委员会委员。

1996 年出任香港特别行政区选举委员会委员。

1999 年获英国剑桥大学荣誉法学博士学位。

2006 年出任英国国际商业顾问委员会委员。

资产状况：

多年雄踞亚洲首富宝座，至今仍为世界华人首富。

2008 福布斯财富排名第 11 位，资产为 265 亿美元。

2009 福布斯财富排名第 16 位，资产为 162 亿美元。

2010 福布斯财富排名第 14 位，资产为 210 亿美元。

2011 福布斯财富排名第 11 位，资产为 260 亿美元。